Angewandte Mathematik 2 mit MATLAB und Julia

Daniel Bättig

Angewandte Mathematik 2 mit MATLAB und Julia

Ein anwendungs- und beispielorientierter
Einstieg für technische Studiengänge

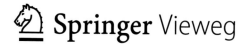 Springer Vieweg

Daniel Bättig
Technik und Informatik
Berner Fachhochschule
Burgdorf, Bern, Schweiz

Ergänzendes Material zu diesem Buch finden Sie auf https://www.springer.com/de/book/
978-3-662-62206-3

ISBN 978-3-662-62206-3   ISBN 978-3-662-62207-0   (eBook)
https://doi.org/10.1007/978-3-662-62207-0

Die Deutsche Nationalbibliothek verzeichnet diese Publikation in der Deutschen Nationalbibliografie;
detaillierte bibliografische Daten sind im Internet über http://dnb.d-nb.de abrufbar.

© Springer-Verlag GmbH Deutschland, ein Teil von Springer Nature 2021
Das Werk einschließlich aller seiner Teile ist urheberrechtlich geschützt. Jede Verwertung, die nicht
ausdrücklich vom Urheberrechtsgesetz zugelassen ist, bedarf der vorherigen Zustimmung des Verlags.
Das gilt insbesondere für Vervielfältigungen, Bearbeitungen, Übersetzungen, Mikroverfilmungen und die
Einspeicherung und Verarbeitung in elektronischen Systemen.
Die Wiedergabe von allgemein beschreibenden Bezeichnungen, Marken, Unternehmensnamen etc. in diesem
Werk bedeutet nicht, dass diese frei durch jedermann benutzt werden dürfen. Die Berechtigung zur Benutzung
unterliegt, auch ohne gesonderten Hinweis hierzu, den Regeln des Markenrechts. Die Rechte des jeweiligen
Zeicheninhabers sind zu beachten.
Der Verlag, die Autoren und die Herausgeber gehen davon aus, dass die Angaben und Informationen in
diesem Werk zum Zeitpunkt der Veröffentlichung vollständig und korrekt sind. Weder der Verlag, noch
die Autoren oder die Herausgeber übernehmen, ausdrücklich oder implizit, Gewähr für den Inhalt des
Werkes, etwaige Fehler oder Äußerungen. Der Verlag bleibt im Hinblick auf geografische Zuordnungen und
Gebietsbezeichnungen in veröffentlichten Karten und Institutionsadressen neutral.

Planung/Lektorat: Iris Ruhmann
Springer Vieweg ist ein Imprint der eingetragenen Gesellschaft Springer-Verlag GmbH, DE und ist ein Teil von
Springer Nature.
Die Anschrift der Gesellschaft ist: Heidelberger Platz 3, 14197 Berlin, Germany

Für Franziska

Vorwort

Die Mathematik: Komplexe Zahlen, Optimierung, Integralrechnung und gewöhnliche Differenzialgleichungen

Für den vorliegenden zweiten Band des Buchs habe ich unter anderem Materialien eines von mir geleiteten Moduls in angewandter Mathematik der Studiengange Maschinen- und Elektrotechnik an der Berner Fachhochschule in Burgdorf neu aufbereitet und ergänzend beschrieben. Die Lehrveranstaltung umfasst 15 Semesterwochen im zweiten Semester mit wöchentlich vier Vorlesungs- und zwei Übungsstunden. Das Ziel der Vorlesung ist es, erstens Studierende in verschiedene Methoden der Differenzialrechnung einzuführen. Zweitens wird die Integralrechnung als Instrument zum Lösen von Differenzialgleichungen angewandt.

Bei den Methoden der Differenzialrechnung wird gezeigt, wie dynamische, vektorielle Größen abgeleitet werden. Allgemeiner können bewegliche Zeiger analysiert werden. Dies führt zu *komplexen Zahlen* und harmonischen Schwingungen. Anschließend wird gezeigt, wie nicht-lineare Gleichungen mit der Bisektion gelöst werden können. Die Methode ist iterativ und benutzt den mathematischen Begriff der Folge. Abgeschlossen wird die Differenzialrechnung mit Optimierungsproblemen, die mit dem Newton-Algorithmus und der Methode des steilsten Abstiegs gehandhabt werden. Diese Methoden basieren auf der Ableitung einer Funktion. Sie werden im Bereich des maschinellen Lernens benutzt.

Bei der *Integralrechnung* wird das bestimmte Integral hergeleitet und definiert. Mit dem Hauptsatz der Differenzial- und Integralrechnung können einfache Differenzialgleichungen gelöst werden. So kann damit aus der Geschwindigkeitsfunktion die Wegfunktion berechnet werden. Dynamische Systeme, die durch Differenzialgleichungen erster oder zweiter Ordnung modelliert werden, spielen in der Mechanik, der Elektrotechnik, der Chemie und der Physik eine zentrale Rolle. In diesem Buch wird gezeigt, wie man lineare Differenzialgleichungen löst. Im Mittelpunkt stehen die Methode von Duhamel, die Separation der Variablen und approximativ numerische Verfahren. Im Schlusskapitel wird gezeigt, wie mit Eigenwerten von Systemmatrizes untersucht werden kann, ob ein dynamisches System stabil oder instabil ist.

Folgende Gliederung liegt der Darstellung zugrunde:

Kap. 1 Es wird gezeigt, wie Ortsvektoren, die von der Zeit abhängen, abgeleitet werden. Mit der Drehbewegung werden *harmonische Schwingungen* dargestellt. Es wird ein neues Zahlensystem, die *komplexen Zahlen*, vorgestellt, um mit Drehbewegungen rechnen zu können. Angesprochen wird, wie ein Federsystem auf eine indizierte Schwingung reagiert.

Kap. 2 Gezeigt wird, was *Folgen* sind und wie man mit ihnen rechnet. Wie Folgen benutzt werden, um Lösungen von nicht-linearen Gleichungen zu bestimmen, wird mit der *Bisektion* illustriert.

Kap. 3 Es werden zwei Algorithmen vorgestellt, die auf der Ableitung einer Funktion basieren. Zuerst wird der *Newton-Algorithmus* diskutiert, mit dem man Lösungen von nicht-linearen Gleichungen berechnen kann. Gezeigt wird, dass er effizienter als die Bisektion ist. Anschließend wird die zentrale Approximationsformel für Funktionen, die von mehreren Variablen abhängen, vorgestellt. Mit dieser Formel und der *Methode des steilsten Abstiegs* können Minimal- und Maximalwerte von Funktionen gefunden werden. Sie kann auch benutzt werden, um nicht-lineare Modelle mit mehreren Parametern an Daten zu „fitten".

Kap. 4 Im Zentrum dieses Kapitels steht die Definition des bestimmten Integrals. Vorgestellt sind symbolische Methoden, um Integrale zu bestimmen. Mit dem *Hauptsatz der Infinitesimalrechnung* wird gezeigt, wie die Ableitung und das bestimmte Integral zusammenhängen. Illustriert wird, wie damit Differenzialgleichungen gelöst werden können. Der Schluss des Kapitels diskutiert, wie bestimmte Integrale approximativ numerisch berechnet werden.

Kap. 5 und 6 Gezeigt wird, was ein *dynamisches System* 1. Ordnung ist. Dabei wird illustriert, was Eingangs- und Ausgangsgrößen sind. Einfache Systeme, die zu linearen Differenzialgleichungen führen, werden mit der Methode des integrierenden Faktors gelöst. Gezeigt wird auch, dass bei Differenzialgleichungen mehrdeutige Lösungen und Explosionen stattfinden können. Am Schluss der beiden Kapitel wird das *Euler-Vorwärts-Verfahren* vorgestellt. Es erlaubt es, dynamische Systeme 1. Ordnung numerisch zu analysieren.

Kap. 7 Vorgestellt werden physikalische Beispiele zu gekoppelten Systemen und zu Systemen höherer Ordnung. Es wird gezeigt, wie Systeme höherer Ordnung in Systeme 1. Ordnung umgewandelt werden können. Die *Matrix-Exponentialfunktion* wird eingeführt, um lineare gekoppelte Systeme zu analysieren. Dazu werden Eigenwerte und Eigenvektoren von Matrizes definiert. Damit kann man entscheiden, ob ein System stabil oder instabil ist.

Wie im ersten Band des Buchs liegt der Schwerpunkt des Stoffs auf Beispielen aus der Technik, der Physik und der Chemie. Mathematische Beweise werden bewusst nicht ins Zentrum gestellt. Sie werden teilweise sogar ausgelassen. Eine vertieftere, mit allen mathematischen Beweisen ausgestattete Auseinandersetzung des Stoffes findet man in den Büchern *Angewandte Mathematik: Body and Soul*, Band 1-3 von K. Eriksson, D. Estep und C. Johnson[1].

Ausgewählte Resultate und Lösungen zu den Aufgaben sowie weiteres Zusatzmaterial sind online unter www.baettig.one im Verzeichnis *Mathematik* verfügbar. Für Lehrende sind Präsentationsfolien zum Buch über den Dozierendenbereich des Verlags abrufbar. Registrierte Dozierende finden alle Informationen dazu auf der Verlagsseite des Buchs unter www.springer.com/book/978-3-662-62206-3.

Der Computer: MATLAB und Julia

Die in diesem Band vorgestellten mathematischen Algorithmen wie das Newton-Verfahren, die Methode des steilsten Abstiegs, das bestimmte Integral und das Euler-Vorwärts-Verfahren, sind einzig mit dem Computer effizient einsetzbar. Im Ingenieurwesen, bei Physikern und Mathematikern sind dazu dynamische Programmier-sprachen wie MATLAB, Julia, Python oder R beliebt. Bei diesen Sprachen können die Algorithmen mit mathematischen Schreibweisen implementiert werden. Wie im ersten Band wird gezeigt, wie dies mit MATLAB und Julia getan wird. In diesem Buch werden MATLAB-Befehle aus der Version 2020b vorgestellt. Die benutzten Julia-Befehle funktionieren für die Version 1.5, welche im Herbst 2020 veröffentlicht wurde.

Leserschaft und Voraussetzungen

Das Buch richtet sich an Studierende, die ein Bachelorstudium in angewandten Wissen-schaften – wie Ingenieur-, Naturwissenschaften oder Chemie – an einer technischen Hochschule absolvieren. Es umfasst den mathematischen Stoff, der an vielen Fachhoch-schulen im zweiten Semester bearbeitet wird. Wie in Studiengängen an Fachhochschulen üblich liegt der Schwerpunkt des Stoffes auf Anwendungen und auf Beispielen.

Das Buch baut auf den theoretischen Voraussetzungen und Werkzeugen des Bands 1 der angewandten Mathematik auf. Vorausgesetzt werden Kenntnisse zu Zahlensystemen, zu Vektoren, zu linearen Gleichungssystemen und zur Differenzialrechnung. Im Detail wird das Folgende aus Band 1 besprochen und vorausgesetzt:

Zahlensysteme in der Mathematik und im Computer: Natürliche, rationale und reelle Zahlen sowie Gleitkommadarstellungen.

Methoden der linearen Algebra: Arithmetik zu Vektoren und Matrizes, das Verfahren von Gauß und die Regel von Cramer, um lineare Gleichungssysteme zu lösen, und die Methode der kleinsten Quadrate, um Parameter von affinen Regressionsmodellen zu berechnen.

---

[1]Eriksson, K., Estep, D., Johnson, C.: Angewandte Mathematik: Body and Soul, Band 1-3, Springer Verlag, Berlin, Heidelberg, New York (2004).

Funktionen einer und mehrerer Variablen: Darstellung, Programmierung mit Julia oder mit MATLAB, spezielle Funktionen, wie Polynome und die Exponentialfunktion.

Ableitung und Gradient: Linearisieren von Funktionen, Fehlerfortpflanzung, Maxima, Minima und kritische Punkte von Funktionen.

Für Studierende an technischen Universitäten kann das Buch dank den vielen Beispielen aus der Technik helfen, Kurse in Analysis, insbesondere zur Schwingungstheorie, zur Optimierung, zur Integralrechnung und zu Differenzialgleichungen besser zu verstehen.

Dank

Der Autor dankt den Studierenden in Maschinen- und Elektrotechnik der Berner Fachhochschule in Burgdorf, die mit ihrer kritischen Lektüre geholfen haben, diesen Text zu elaborieren. Ein Dank geht auch an die Mathematiker F. Bachmann, W. Bäni und E. Wyler, die mit ihren Anwendungsbeispielen aus Industrieprojekten gezeigt haben, wie mathematische Modelle sowohl für die Projektplanung wie auch für die Modellierung von Lösungswegen eingesetzt werden können. Ein besonderer Dank geht an Franziska Bitter Bättig für ihre aufmerksame und kritische Lektüre des Texts.

Burgdorf   Daniel Bättig
November 2020

Inhaltsverzeichnis

Harmonische Schwingungen und komplexe Zahlen

1

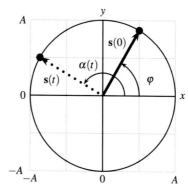

Harmonische Schwingung als drehender Zeiger

Zusammenfassung

Schwingungen von Objekten und von komplexen Molekülgruppen, Auslenkungen von Flugzeugflügeln oder Ströme in elektrischen Schwingkreisen sind Phänomene, die Ingenieurinnen und Ingenieure interessieren. Um die Phänomene zu beschreiben, benötigt man mathematische Werkzeuge: die Sinusschwingung – auch harmonische Schwingung genannt – und komplexe Zahlen. Im Kapitel werden beide Konzepte vorgestellt, die auf drehenden Ortsvektoren basieren.

© Springer-Verlag GmbH Deutschland, ein Teil von Springer Nature 2021
D. Bättig, *Angewandte Mathematik 2 mit MATLAB und Julia*,
https://doi.org/10.1007/978-3-662-62207-0_1

1.1   Ableiten bei Vektoren, Weg- und Geschwindigkeitsvektor

Schwingungen von Federpendeln, Fahrzeugchassis oder von Auslenkungen bei Flugzeugflügeln können mit der Sinusfunktion beschrieben werden. In der Technik arbeitet man
dazu nicht mit der Sinusfunktion sondern mit drehenden Ortsvektoren, um Rechnungen zu
Schwingungen einfach zu halten. Mit solchen Ortsvektoren, die von der Zeit t abhängen,
modelliert man in der Physik auch Kräfte oder Geschwindigkeiten (vgl. Angewandte Mathematik Bd. 1, [1]). Im Folgenden wird gezeigt, wie solche Vektoren nach der Zeit abgeleitet
werden und wie daraus physikalische Größen bestimmt werden können.

Ein Kraftvektor $\mathbf{F} = \mathbf{F}(t)$, der von der Zeit t abhängt, ist

$$\mathbf{F} = \mathbf{F}(t) = \begin{pmatrix} a \cdot t \\ b \\ c \cdot t^2 \end{pmatrix}$$

mit $a = 4\,\mathrm{kN\,s}^{-1}$, $b = 3\,\mathrm{kN}$ und $c = 2\,\mathrm{kN\,s}^{-2}$. Man definiert die Ableitung $\mathrm{d}\mathbf{F}/\mathrm{d}t$ von $\mathbf{F}$
nach t, indem man die Komponenten des Vektors einzeln ableitet:

$$\frac{\mathrm{d}\mathbf{F}}{\mathrm{d}t} = \begin{pmatrix} a \\ 0\,\mathrm{kN} \\ 2c \cdot t \end{pmatrix}$$

Die zweite Komponente von $\mathbf{F}$ ist konstant. Daher ist die zweite Komponente der Ableitung
von $\mathbf{F}$ nach t null.

Beispiel 1.1 (Weg und Geschwindigkeit in der Ebene und im Raum). Den Ort eines Fahrzeugs, das sich in der xy-Ebene oder in einem dreidimensionalen Koordinatensystem bewegt,
können wir mit einem Ortsvektor $\mathbf{s} = \mathbf{s}(t)$ beschreiben. Die Spitze des Ortsvektors bezeichnet die Position des Fahrzeugs. Wir betrachten dazu für $0\,\mathrm{s} \leq t \leq 5\,\mathrm{s}$ den Ortsvektor

$$\mathbf{s} = \mathbf{s}(t) = \begin{pmatrix} a \cdot \sin(\omega \cdot t) \\ b \cdot t^2 \end{pmatrix} \quad \text{mit } \omega = 1\,\mathrm{s}^{-1},\ a = 1\,\mathrm{m} \text{ und } b = 0{,}5\,\mathrm{m\,s}^{-2}$$

Der Startpunkt ist $\mathbf{s}(0\,\mathrm{s}) = (0\,|\,0)\,\mathrm{m}$ und der Endpunkt ist $\mathbf{s}(5\,\mathrm{s}) = (-0{,}96\,|\,12{,}5)\,\mathrm{m}$. Die
Position des Fahrzeugs können Sie mit einer Wertetabelle wie in Tab. 1.1 darstellen. Sie
können auch den zurückgelegten Weg visualisieren. Sie zeichnen dazu die Punkte aus der
Wertetabelle und verbinden sie durch kleine Geradenstücke. Am schnellsten geht dies mit
MATLAB oder mit Julia. Hier die Befehle dazu mit MATLAB:

```
matlab> syms t;
matlab> xOrt(t) = sin(t); yOrt(t) = 0.5*t^2;
matlab> fplot(@(t) xOrt(t), @(t) yOrt(t), [0 5])
matlab> grid()
```

Tab. 1.1 Ort eines Fahrzeugs, berechnet aus dem Ortsvektor $\mathbf{s} = \mathbf{s}(t)$

Zeit (in s)	0,0	0,5	1,0	1,5	2,0	2,5	3,0	3,5	4,0	4,5	5,0
x-Position (in m)	0,0	0,479	0,841	0,997	0,909	0,598	0,141	−0,351	−0,757	−0,978	−0,959
y-Position (in m)	0,0	0,125	0,500	1,125	2,000	3,125	4,500	6,125	8,000	10,125	12,500

Mit Julia können Sie wie folgt vorgehen:

```
julia> using Plots
julia> xOrt(t) = sin(t); yOrt(t) = 0.5*t^2
julia> plot(xOrt, yOrt, 0, 5, w=3, label = "")
```

Abb. 1.1 zeigt den entstandenen Weg. Der Geschwindigkeitsvektor des Fahrzeugs zum Zeitpunkt t ist die Ableitung des Ortsvektors $\mathbf{s} = \mathbf{s}(t)$ nach der Zeit t:

$$\mathbf{v} = \mathbf{v}(t) = \frac{\mathrm{d}\mathbf{s}}{\mathrm{d}t} = \begin{pmatrix} a \cdot \omega \cdot \cos(\omega \cdot t) \\ 2b \cdot t \end{pmatrix}$$

Dies ist ein *ortsgebundener* Vektor (vgl. Angewandte Mathematik Bd. 1, [1]). Der Anfangspunkt des Vektors ist jeweils die Spitze des Ortsvektors $\mathbf{s} = \mathbf{s}(t)$. Abb. 1.1 zeigt die Situation für den Zeitpunkt $t = 2\,\mathrm{s}$. Der Geschwindigkeitsvektor liegt jeweils tangential an der Wegkurve. Die Norm des Geschwindigkeitsvektors nennt man die *Geschwindigkeit* $v = v(t)$. Diese beträgt

$$v = v(t) = \|\mathbf{v}(t)\| = \sqrt{(a \cdot \omega \cdot \cos(\omega \cdot t))^2 + (2b \cdot t)^2}$$

Zum Zeitpunkt $t = 2\,\mathrm{s}$ ist die Geschwindigkeit $v = 2{,}043\,\mathrm{m/s}$.

Die kinetische Energie E_{kin} eines Körpers mit Masse m und dem Geschwindigkeitsvektor $\mathbf{v}$ ist

$$E_{\mathrm{kin}} = \frac{1}{2} \cdot m \cdot \mathbf{v}^T \cdot \mathbf{v}$$

Abb. 1.1 Zurückgelegter Weg $\mathbf{s} = \mathbf{s}(t)$ eines Fahrzeugs: A ist Startpunkt, B ist Endpunkt

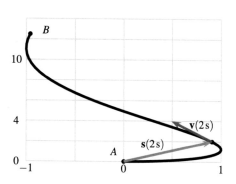

Welche Leistung erbringt dabei der Körper? Die Leistung P ist die Ableitung der Energie nach der Zeit: $P = dE_{\text{kin}}/dt$. Um sie zu bestimmen, muss ein Skalarprodukt von Vektoren abgeleitet werden. Sind $\mathbf{a}$ und $\mathbf{b}$ zwei Vektoren mit zwei Komponenten, so ist

$$\frac{d}{dt}(\mathbf{a}^T \cdot \mathbf{b}) = \frac{d}{dt}\left(\begin{pmatrix} a_1(t) \\ a_2(t) \end{pmatrix}^T \cdot \begin{pmatrix} b_1(t) \\ b_2(t) \end{pmatrix}\right) = \frac{d}{dt}(a_1(t) \cdot b_1(t) + a_2(t) \cdot b_2(t))$$

Mit der Produktregel erhalten wir

$$\frac{d}{dt}(\mathbf{a}^T \cdot \mathbf{b}) = a_1'(t) \cdot b_1(t) + a_1(t) \cdot b_1'(t) + a_2'(t) \cdot b_2(t) + a_2(t) \cdot b_2'(t)$$

Fasst man den ersten und dritten, sowie den zweiten und vierten Summanden zusammen, so erhält man:

Theorem 1.1 (Ableiten eines Skalarprodukts). *Die Produktregel gilt auch, wenn man ein Skalarprodukt ableitet:*

$$\frac{d}{dt}(\mathbf{a}^T \cdot \mathbf{b}) = \frac{d\mathbf{a}}{dt}^T \cdot \mathbf{b} + \mathbf{a}^T \cdot \frac{d\mathbf{b}}{dt}$$

Die Leistung $P = dE_{\text{kin}}/dt$ ist daher

$$P = \frac{dE_{\text{kin}}}{dt} = \frac{1}{2} \cdot m \cdot \frac{d}{dt}(\mathbf{v}^T \cdot \mathbf{v}) = \frac{1}{2} \cdot m \cdot \left((\mathbf{v}')^T \cdot \mathbf{v} + \mathbf{v}^T \cdot \mathbf{v}'\right) = m \cdot \mathbf{v}^T \cdot \mathbf{v}' = m \cdot \mathbf{v}^T \cdot \mathbf{a}$$

Dabei ist $\mathbf{a}$ der Beschleunigungsvektor. Die Leistung P ist das Produkt der Masse und des Skalarprodukts zwischen dem Geschwindigkeits- und dem Beschleunigungsvektor.

1.2 Drehbewegung und harmonische Schwingung

Mit drehenden Ortsvektoren mit zwei Komponenten, die von der Zeit t abhängen, werden in der Technik Schwingungen modelliert. Wies dies gemacht wird, wird im Folgenden gezeigt.

Abb. 1.2 zeigt einen Ortsvektor oder *Zeiger* (engl. *pointer*), der im Gegenuhrzeigersinn auf dem Kreis mit Mittelpunkt $(0\,|\,0)$ und Radius A mit konstanter Geschwindigkeit dreht. Der Zeiger hat Länge A. Zum Zeitpunkt $t = 0$ beträgt sein Winkel zur x-Achse φ. Der Winkel $\alpha = \alpha(t)$ zur x-Achse zum Zeitpunkt t beträgt

$$\alpha = \alpha(t) = \omega \cdot t + \varphi$$

Abb. 1.2 Drehbewegung eines
Zeigers der Länge A mit
konstanter
Winkelgeschwindigkeit ω:
$\alpha(t) = \omega \cdot t + \varphi$

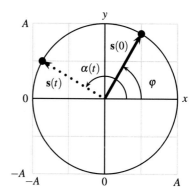

In dieser Formel sind ω und φ Winkel im Bogenmaß, also dimensionslose Zahlen. Die
Formel besagt, dass sich der Zeiger mit einer konstanten Winkelgeschwindigkeit $d\alpha/dt = \omega$
im Gegenuhrzeigersinn bewegt.

Aus der Definition der Sinusfunktion am Einheitskreis (vgl. Angewandte Mathematik
Bd. 1, [1]) folgt, dass die y-Koordinate des Zeigers der Sinus des Winkels $\alpha(t)$ multipliziert
mit A ist:

$$y = y(t) = A \cdot \sin(\omega \cdot t + \varphi) \tag{1.1}$$

Abb. 1.3 zeigt den Graph der Auslenkung $y = y(t)$ in Funktion der Zeit $t \geq 0$. Eingezeichnet
ist die *Schwingungsdauer* (engl. *period of oscillation*) T und der Zeitpunkt t_0, der ein
Nulldurchgang der Schwingung ist. Man sagt, dass $y = y(t)$ eine *harmonische Schwingung*
(engl. *harmonic motion*) ist.

Eine harmonische Schwingung ist charakterisiert durch die Gl. (1.1) und damit durch
die *Amplitude* (engl. *amplitude, magnitude*) A, durch die *Kreisfrequenz* (engl. *angular frequency*) ω und den *Nullphasenwinkel* (engl. *phase*) φ. Die drei Größen kann man aus
dem Zeigerdiagramm bestimmen. Man kann sie auch mit dem Graph der Schwingung
(siehe Abb. 1.3) berechnen. Der Zeiger bewegt sich mit einer Winkelgeschwindigkeit von

Abb. 1.3 Die y-Koordinate
des drehenden Zeigers: ein Auf
und Ab, das eine harmonische
Schwingung darstellt

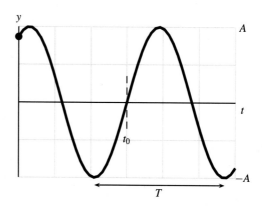

ω. Eine volle Umdrehung des Zeigers entspricht einem Winkel von $2 \cdot \pi$. Also gilt für die Schwingungsdauer T die Gleichung $\omega \cdot T = 2 \cdot \pi$. Weiter ist der Zeitpunkt t_0 in Abb. 1.3 so gelegt, dass der Zeiger in diesem Moment auf der positiven x-Achse liegt. Also ist $\alpha = \alpha(t_0) = \omega \cdot t_0 + \varphi = 0$ (oder ein Vielfaches von $2 \cdot \pi$). Man erhält damit

$$\omega = \frac{2\pi}{T}, \qquad \varphi = -\omega \cdot t_0$$

Den Kehrwert der Schwingungsdauer nennt man die *Frequenz* (engl. *frequency*): $f = 1/T$. Zusammengefasst hat man:

Theorem 1.2 *Eine harmonische Schwingung $y(t) = A \cdot \sin(\omega \cdot t + \varphi)$ kann man im Zeigerdiagramm durch einen im mathematisch positiven Sinn mit der Winkelgeschwindigkeit ω rotierenden Zeiger der Länge A darstellen. Zum Zeitpunkt $t = 0$ befindet sich der Zeiger in einer Position, die durch den Nullphasenwinkel φ festgelegt ist.*

Harmonische Schwingungen werden damit über einen Vektor $\mathbf{Z}$ – den Zeiger – und die Zahl ω codiert. Ist $\omega < 0$, so läuft der Zeiger im Uhrzeigersinn. Den Zeiger zum Zeitpunkt $t = 0$ nennt man den *Nullzeiger* der harmonischen Schwingung.

Wenn verschiedene Kräfte auf ein schwingendes System wirken, werden die auftretenden Schwingungen überlagert. Abb. 1.4 zeigt zwei harmonische Schwingungen $y = y_1(t)$ (schwarze Linie) und $y = y_2(t)$ (graue Linie) mit

$$y_1(t) = \sin(1\,\mathrm{s}^{-1} \cdot t + \pi/18), \qquad y_2(t) = 1{,}5 \cdot \sin(1\,\mathrm{s}^{-1} \cdot t + \pi/2)$$

Beide Schwingungen haben die gleiche Kreisfrequenz $\omega = 1\,\mathrm{s}^{-1}$. Überlagert man die beiden Schwingungen, erhält man $y_1(t) + y_2(t)$. Um dies zu berechnen, ist es nicht praktisch, mit den obigen Schwingungsgleichungen zu arbeiten. Sinusfunktionen können nur mühsam mit Hilfe von Additionstheoremen addiert werden. Einfacher ist es, mit den zugehörigen Zeigern zu rechnen. Abb. 1.5 zeigt die beiden Nullzeiger $\mathbf{Z}_1$ und $\mathbf{Z}_2$. Der erste Zeiger hat

Abb. 1.4 Zwei harmonische
Schwingungen mit gleicher
Kreisfrequenz

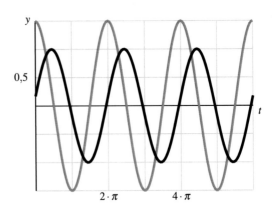

Abb. 1.5 Die Nullzeiger der
beiden harmonischen
Schwingungen aus Abb. 1.4
und Addition der beiden
Nullzeiger

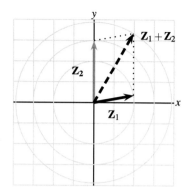

die Polarkoordinaten 1 (die Amplitude) für die Länge und $\pi/18$ (die Phase) für den Winkel. Wir notieren dies wie in Taschenrechnern üblich:

$$\mathbf{Z}_1 = [\text{Länge}, \angle\text{Winkel}] = [1, \angle\pi/18], \qquad \mathbf{Z}_2 = [1{,}5, \angle\pi/2]$$

Man addiert nun die beiden Nullzeiger $\mathbf{Z}_1$ und $\mathbf{Z}_2$. Die Auslenkung der Überlagerung zum Zeitpunkt $t = 0$ ist die y-Komponente von $\mathbf{Z}_1 + \mathbf{Z}_2$. Dieses Verfahren kann man für jeden Zeitpunkt t anwenden. Die beiden Zeiger drehen gleich schnell. Daher dreht das Parallelogramm in Abb. 1.5 mit der gleichen Winkelgeschwindigkeit mit. Es folgt: Die Überlagerung der beiden harmonischen Schwingungen ist wieder eine harmonische Schwingung mit Kreisfrequenz $\omega = 1\,\mathrm{s}^{-1}$. Der Nullzeiger $\mathbf{Z}$ der Überlagerung ist

$$\mathbf{Z} = [1, \angle\pi/18] + [1{,}5, \angle\pi/2] = \begin{pmatrix} 1 \cdot \cos\pi/18 + 1{,}5 \cdot \cos\pi/2 \\ 1 \cdot \sin\pi/18 + 1{,}5 \cdot \sin\pi/2 \end{pmatrix} = \begin{pmatrix} 0{,}985 \\ 1{,}674 \end{pmatrix}$$

Dieser Zeiger hat eine Länge von 1,942 und der Winkel zur x-Achse beträgt 1,039 (vgl. Angewandte Mathematik Bd. 1, [1]), wie dies die Rechnung mit MATLAB zeigt:

```
matlab> [phi A] = cart2pol(0.985, 1.674)
   phi =
       1.0389
   A =
       1.9423
```

Daher ist $\mathbf{Z} = [1{,}942, \angle 1{,}039]$ und damit folgt

$$y_1(t) + y_2(t) = 1{,}942 \cdot \sin(1\,\mathrm{s}^{-1} \cdot t + 1{,}039)$$

Dies ist eine harmonische Schwingung mit Amplitude 1,942 und Nullphase 1,039 $(= 59{,}5°)$. Abb. 1.6 visualisiert das Resultat.

Die Konsequenz aus den Überlegungen am Zeigerdiagramm ist

Abb. 1.6 Addition
(gestrichelte Linie) zweier
harmonischer Schwingungen

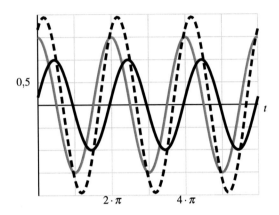

Theorem 1.3 *Die Überlagerung zweier harmonischer Schwingungen* $y_1(t) = A_1 \cdot \sin(\omega \cdot t + \varphi_1)$ *und* $y_2(t) = A_2 \cdot \sin(\omega \cdot t + \varphi_2)$ *mit gleicher Kreisfrequenz* ω *ist ebenfalls eine harmonische Schwingung:*

$$y_1(t) + y_2(t) = A \cdot \sin(\omega \cdot t + \varphi)$$

Der Nullzeiger **Z** *der Überlagerung lautet in Polarkoordinaten:*

$$\mathbf{Z} = [A, \ \angle \varphi] = [A_1, \ \angle \varphi_1] + [A_2, \ \angle \varphi_2]$$

Die Überlegungen am Zeigerdiagramm zeigen auch, dass die Überlagerung zweier nicht gleich frequenter harmonischer Schwingungen wie $y_1(t) = \sin t$ und $y_2(t) = \sin(3t)$ keine harmonische Schwingung mehr ist. Die beiden Zeiger drehen nämlich nicht mit der gleichen Winkelgeschwindigkeit. Das Parallelogramm bleibt nicht erhalten. Abb. 1.5 zeigt dies ebenfalls: Der Graph der Überlagerung von $y_1(t) = \sin t$ und $y_2(t) = \sin(3 \cdot t)$ hat vier Ausschläge pro Schwingungsdauer.

Abb. 1.7 Überlagerung zweier
harmonischer Schwingungen
$y_1(t) = \sin t$ und
$y_2(t) = \sin(3t)$, die nicht die
gleiche Frequenz haben

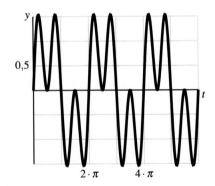

1.3 Komplexe Zahlen

In verschiedenen Bereichen der Elektrotechnik und der Chemie sind reelle Zahlen nicht geeignet, um Phänomene zu beschreiben. Werden beispielsweise zwei gleichfrequente harmonische Schwingungen überlagert, so ist es schwierig, Sinusfunktionen zu addieren. Bei elektrischen Netzwerken möchte man das Ohm'sche Gesetz $U = R \cdot I$ für den Gleichstrom auf Situationen übertragen, wo Wechselströme, Kondensatoren und Spulen vorhanden sind. Mit komplexen Zahlen kann man solche Situationen meistern. Komplexe Zahlen werden in diesem Abschnitt definiert und es wird gezeigt, wie man mit ihnen rechnet. Man definiert:

Definition 1.1 Eine *komplexe Zahl* (engl. *complex number*) z ist ein Punkt in der xy-Ebene, also ein geordnetes Paar $(x \mid y)$ von reellen Zahlen.

Abb. 1.8 zeigt eine komplexe Zahl. Komplexe Zahlen liegen in der xy-Ebene, die man die *Gauß'sche Zahlenebene* nennt. Weiter nennt man $x = \Re z = \text{Re } z$ den *Realteil* (engl. *real part*) von z und $y = \Im z = \text{Im } z$ den *Imaginärteil* (engl. *imaginary part*) von z. So hat die Zahl $z = (2 \mid -4)$, den Realteil 2 und den Imaginärteil -4. Zwei komplexe Zahlen nennt man gleich, wenn ihre Real- und Imaginärteile gleich sind.

Den Punkt $(0 \mid 1)$ bezeichnet man mit i. Diese komplexe Zahl heisst *imaginäre Einheit*. Komplexe Zahlen der Form $(x \mid 0)$ schreibt man kurz als x, also $(x \mid 0) = x$ (siehe Abb. 1.9).

Addiert werden zwei komplexe Zahlen, indem man die zugehörigen Ortsvektoren addiert. Man hat also

Abb. 1.8 Eine komplexe Zahl
z mit Realteil x und
Imaginärteil y

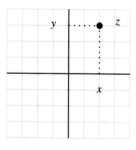

Abb. 1.9 Die komplexen
Zahlen i und 1

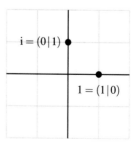

$$z_1 + z_2 = (x_1 \mid y_1) + (x_2 \mid y_2) = (x_1 + x_2 \mid y_1 + y_2)$$

Die zweite wichtige Rechenart für komplexe Zahlen ist die Multiplikation. Sie wird wie folgt definiert:

Definition 1.2 Multipliziert man die imaginäre Einheit i mit sich selbst, entsteht die Zahl -1:

$$i^2 = i \cdot i = (0 \mid -1) \cdot (0 \mid -1) = (-1 \mid 0) = -1$$

Man multipliziert zwei komplexe Zahlen z_1 und z_2, indem man die üblichen Rechenregeln aus den reellen Zahlen (Kommutativ-, Assoziativ- und Distributivgesetz) beibehält und – wenn nötig – die obige Zusatzregel für die Multiplikation von $i \cdot i$ benutzt.

Mit dieser Definition kann man die Zahl $(0 \mid 2)$ als $2 \cdot i$ schreiben. Dies ist so, weil $(0 \mid 2) = (0 \mid 1) + (0 \mid 1) = i + i = 2 \cdot i$ ist. Weiter ist

$$(3 \mid 2) = (3 \mid 0) + (0 \mid 2) = 3 + 2 \cdot i$$

Man hat daher allgemein für eine komplexe Zahl z

$$z = (x \mid y) = x + y \cdot i \tag{1.2}$$

Man nennt die Schreibweise $x + y \cdot i$ die *kartesische Darstellung* einer komplexen Zahl. Mit dieser Schreibweise sind der Real- und Imaginärteil der komplexen Zahl schnell ablesbar und der Punkt einfach visualisierbar.

Beispiel 1.2 (Erste Rechenbeispiele). Wir betrachten die beiden komplexen Zahlen

$$z_1 = (8 \mid 3) = 8 + 3 \cdot i \quad \text{und} \quad z_1 = (-4 \mid 2) = -4 + 2 \cdot i$$

Die Definition der Addition und Multiplikation besagt, dass die üblichen Rechenregeln zu reellen Zahlen gelten. Also ist

$$z_1 + z_2 = (8 + 3 \cdot i) + (-4 + 2 \cdot i) = 4 + 5 \cdot i$$

Die Summe ist der Punkt $(4 \mid 5)$. Um $z_1 \cdot z_2$ zu berechnen, benutzt man das Distributivgesetz:

$$z_1 \cdot z_2 = (8 + 3 \cdot i) \cdot (-4 + 2 \cdot i) = -32 - 12 \cdot i + 16 \cdot i + 6 \cdot i^2 = -32 - 4 \cdot i + 6 \cdot i^2$$

Mit der Rechenregel $i^2 = -1$ erhält man

$$z_1 \cdot z_2 = -32 + 4 \cdot i - 6 = -38 + 4 \cdot i$$

Dies ist der Punkt $(-38 \mid 4)$. Schwieriger ist es, die Division z_2/z_1 zu berechnen. Man erweitert dazu den Bruch:

$$\frac{-4+2 \cdot i}{8+3 \cdot i} = \frac{-4+2 \cdot i}{8+3 \cdot i} \cdot \frac{8-3 \cdot i}{8-3 \cdot i} = \frac{(-4+2 \cdot i) \cdot (8-3 \cdot i)}{64-9 \cdot i^2}$$

Man multipliziert nun den Zähler aus. Der Nenner wird mit der Regel $i^2 = -1$ zu $64+9 = 73$. Man erhält:

$$\frac{-4+2 \cdot i}{8+3 \cdot i} = \frac{-26+28 \cdot i}{73} = \frac{-26}{73} + \frac{28}{73} \cdot i = -0{,}356 + 0{,}384 \cdot i$$

Man nennt die Zahl z^*, gegeben durch $z^* = x - y \cdot i$, die zu $z = x + y \cdot i$ *konjugierte Zahl* (engl. *conjugate number*). Abb. 1.10 zeigt die Situation. So ist

$$(4 + 7 \cdot i)^* = 4 - 7 \cdot i$$

Die Konsequenz dieser Rechnungen ist:

Theorem 1.4 *In der Form $z = x + y \cdot i$ addiert und multipliziert man gleich wie mit reellen Zahlen* mit der Zusatzregel $i^2 = -1$.

Die kartesische Form erlaubt es, komplexe Zahlen schnell zu visualisieren, von Hand zu addieren, zu subtrahieren und zu multiplizieren. Schwieriger ist es, von Hand zwei komplexe Zahlen in kartesischer Form zu dividieren. Hier muss der Bruch mit der konjugierten Zahl des Nenners erweitert werden.

Mit MATLAB oder mit Julia kann man mit komplexen Zahlen rechnen. Den Realteil einer komplexen Zahl z bestimmt man mit `real(z)`, den Imaginärteil mit `imag(z)` und die konjugierte Zahl mit dem Befehl `conj(z)`. Mit MATLAB sieht dies so aus:

```
matlab> z1 =  8 + 3i; z2 = -4 + 2i;
matlab> real(z1)
ans =
   8
matlab> conj(z1)
ans =
   8.0000 - 3.0000i
```

Abb. 1.10 Komplexe Zahl z und konjugiert komplexe Zahl z^*

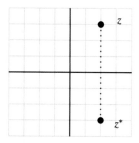

```
matlab> z1 + z2
ans =
   4.0000 + 5.0000i
matlab> z1 * z2
ans =
   -38.0000 + 4.0000i
matlab> z2 / z1
ans =
   -0.3562 + 0.3836i
```

Mit Julia gibt man komplexe Zahlen wie folgt ein:

```
julia> z1 =  8 + 3im; z2 = -4 + 2im
julia> real(z1)
    8
julia> z1*z2
   -38 + 4im
```

Eine oft benutzte komplexe Zahl ist $1/i$. Man erhält mit der Gleichung $i^2 = -1$:

$$\frac{1}{i} = -i$$

Bei Schwingungen und bei elektrischen Netzwerken braucht man komplexe Zahlen, um *Zeiger* zu modellieren. Zeiger sind Ortsvektoren in der xy-Ebene. Der Endpunkt eines Zeigers charakterisiert eine komplexe Zahl. Zeiger sind eindeutig bestimmt durch den Winkel zur x-Achse und durch ihre Länge. Man definiert:

Definition 1.3 Eine komplexe Zahl z, dargestellt durch einen Ortsvektor, nennt man einen *Zeiger*. Sie wird charakterisiert durch die Polarkoordinaten φ und r. Man nennt diese das *Argument* und den *Betrag* von z.

Abb. 1.11 illustriert die Situation. Den Betrag r von z – also den Abstand der Zahl zum Nullpunkt – schreibt man wie bei einer reellen Zahl als $|z|$. Das Argument einer komplexen Zahl notiert man oft mit $\arg(z)$. Mit MATLAB und mit Julia berechnet man das Argument einer komplexen Zahl z mit `angle(z)` und den Betrag mit `abs(z)`.

Wir können jetzt einen Zeiger oder einen Vektor $\mathbf{z}$ mit Betrag eins und Argument φ mit einer komplexen Zahl beschreiben:

$$\mathbf{z} = \mathbf{z}(\varphi) = \begin{pmatrix} \cos\varphi \\ \sin\varphi \end{pmatrix} = \cos\varphi + i \cdot \sin\varphi$$

Auch die Ableitung des Zeigers nach φ können wir mit einer komplexen Zahl darstellen:

Abb. 1.11 Komplexe Zahl z
als *Zeiger* oder Vektor $\mathbf{z}$:
Angabe der Polarkoordinaten φ
und r

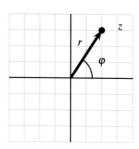

$$\mathbf{z}'(\varphi) = \begin{pmatrix} -\sin\varphi \\ \cos\varphi \end{pmatrix} = -\sin\varphi + i \cdot \cos\varphi = i \cdot (\cos\varphi + i \cdot \sin\varphi) = i \cdot \mathbf{z}(\varphi)$$

Die Ableitung des Zeigers $\mathbf{z}$ ist damit proportional zum Zeiger $\mathbf{z}$. Zudem ist $\mathbf{z}(0) = 1$. Dies ist das gleiche Phänomen, wie wenn man eine Population $P = P(t)$ beschreibt, die eine konstante Geburtenrate α und eine konstante Todesrate β hat:

$$\frac{dP}{dt} = (\alpha - \beta) \cdot P(t) \quad \text{und} \quad P(0) = 1$$

Die Populationsfunktion, die diese Gleichung erfüllt, ist die Exponentialfunktion mit Rate $\gamma = \alpha - \beta$ (vgl. Angewandte Mathematik Bd. 1, [1]):

$$P(t) = \exp(\gamma \cdot t) = \lim_{n \to \infty} \left(1 + \frac{\gamma \cdot t}{n}\right)^n$$

Wir schliessen daraus, dass $\mathbf{z}(\varphi)$ die Exponentialfunktion mit Rate i ist: $\mathbf{z}(\varphi) = \exp(i \cdot \varphi)$. Dies nennt man die *Euler-Formel*

$$\exp(i \cdot \varphi) = \cos\varphi + i \cdot \sin\varphi \tag{1.3}$$

Zusammengefasst hat man:

Theorem 1.5 *Einen Zeiger z mit Argument φ und mit Betrag r kann man kompakt in folgender Form schreiben:*

$$z = r \cdot \exp(i \cdot \varphi) = r \cdot e^{i \cdot \varphi}$$

Diese Polarform ist gut interpretierbar. Sie ist für Zeiger ebenso geeignet wie die kartesische Form für Punkte. Abb. 1.12 visualisiert komplexe Zahlen. Es sind links Zeiger mit ihrer Zeigerform und rechts Punkte in kartesischer Form dargestellt.

Beispiel 1.3 (Rechenbeispiele mit der Polarform). Die Zahl $1 + i$ hat Argument $\pi/4$ und Abstand $\sqrt{2}$ vom Nullpunkt. Dies können Sie mit einer Skizze schnell verifizieren. Daher ist

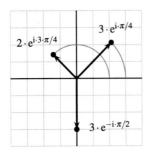 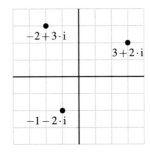

Abb. 1.12 Komplexe Zahlen: links als Zeiger (in Polarform), rechts als Punkte (in kartesischer Form)

$$\underbrace{1 + i}_{\text{Punktform}} = \underbrace{\sqrt{2} \cdot e^{i \cdot \pi/4}}_{\text{Zeigerform}}$$

Die komplexe Zahl $2 \cdot e^{i \cdot \pi/3}$ hat Betrag 2 und Argument $\pi/3$. Ihr Zeiger hat also einen Winkel von $60°$ zur x-Achse und eine Länge von 2.

Die Zahl i (oder der Punkt $(0\,|\,1)$) hat einen Winkel von $90°$ zur x-Achse. Sie ist eine Einheit vom Nullpunkt entfernt. Daher ist

$$i = 1 \cdot e^{i \cdot \pi/2} = e^{i \cdot \pi/2}$$

Dies ist die Zeigerform von i. Weiter ist $e^{2\pi \cdot i} = 1$ und $e^{i \cdot \pi} = -1$.

In der Polarform können Sie komplexe Zahlen wegen der Eigenschaften der Exponentialfunktion schnell multiplizieren, dividieren und potenzieren. Sind

$$z_1 = 2 \cdot e^{i\pi/4} \quad \text{und} \quad z_2 = 3 \cdot e^{-i\pi/6}$$

so ist

$$z_1 \cdot z_2 = 2 \cdot e^{i\pi/4} \cdot 3 \cdot e^{-i\pi/6} = 6 \cdot e^{i \cdot (\pi/4 - \pi/6)} = 6 \cdot e^{i \cdot \pi/12}$$

Analog ist

$$\frac{2e^{i\pi/4}}{3e^{-i\pi/6}} = \frac{2}{3} \cdot e^{i \cdot (\pi/4 + \pi/6)} = 0{,}667 \cdot e^{i \cdot 5\pi/12}$$

Diese Zahl hat einen Winkel von $180°/12 = 15°$ zur x-Achse. Ihr Abstand zum Nullpunkt beträgt $2/3$.

Um $(1+i)^{16}$ ohne Rechner zu bestimmen, schreibt man die Zahl $1+i$ zuerst in Polarform. Man erhält

$$(1 + i)^{16} = \left(\sqrt{2} \cdot e^{i \cdot \pi/4} \right)^{16} = 2^8 \cdot e^{i \cdot 4\pi}$$

Dies ist der Zeiger mit Winkel 4π zur x-Achse und Betrag $2^8 = 256$. Damit ist $(1 + i)^{16} = 256$.

Der Zeiger $z = 3 \cdot e^{i \cdot \pi/4}$ kann mit MATLAB durch z = 3*exp(pi/4*1i) eingegeben werden. Mit Julia lautet der Befehl z = 3*exp(pi/4*1im). Taschenrechner sind in
der Lage, mit komplexen Zahlen zu rechnen. Resultate werden – je nach Anwendungszweck –
in kartesischer Form und mit Punkten bzw. in Polarform und mit Zeigern dargestellt.

1.4 Komplexe Zahlen grafisch addieren und multiplizieren

Sie können, wenn Sie Rechnungen mit komplexen Zahlen durchführen, mit der kartesischen
Form oder mit der Polarform arbeiten. Wie bei Vektoren kann man die Addition und die
Multiplikation von komplexen Zahlen außerdem grafisch durchführen.

Die Addition zweier komplexer Zahlen z_1 und z_2 entspricht der Addition von Zeigern oder
von Ortsvektoren. Dies veranschaulicht Abb. 1.13. Die Multiplikation kann man grafisch
deuten, wenn man die beiden komplexen Zahlen z_1 und z_2 in Zeigerform schreibt:

$$z_1 = r_1 \cdot e^{i \cdot \varphi_1}, \qquad z_2 = r_2 \cdot e^{i \cdot \varphi_2}$$

Dann ist

$$z_1 \cdot z_2 = r_1 \cdot r_2 \cdot e^{i \cdot (\varphi_1 + \varphi_2)}$$

Die Beträge der beiden komplexen Zahlen werden daher multipliziert. Die Argumente werden addiert. Dies kann man so schreiben:

$$\mid z_1 \cdot z_2 \mid = \mid z_1 \mid \cdot \mid z_2 \mid, \qquad \arg(z_1 \cdot z_2) = \arg(z_1) + \arg(z_2) \tag{1.4}$$

Abb. 1.14 zeigt grafisch das entstandene Resultat. Eine Konsequenz aus der Rechnung ist:
Multipliziert man einen Zeiger z mit der imaginären Einheit i, *so wird der Zeiger z um* 90°
im Gegenuhrzeigersinn gedreht.

Was passiert, wenn man zwei komplexe Zahlen dividiert? Man rechnet analog wie zur
Vorgehensweise von Gl. (1.4). Man erhält:

$$\mid z_1/z_2 \mid = \mid z_1 \mid / \mid z_2 \mid, \qquad \arg(z_1/z_2) = \arg(z_1) - \arg(z_2)$$

Abb. 1.13 Addition von
Zeigern

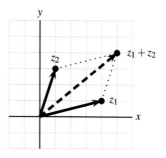

Abb. 1.14 Multiplikation von
Zeigern

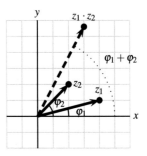

Die Beträge der beiden komplexen Zahlen werden daher dividiert. Die Argumente werden
subtrahiert.

1.5   Erste Anwendungen zu komplexen Zahlen

In diesem Abschnitt wird erläutert, wie harmonische Schwingungen mit komplexen Zahlen dargestellt werden. Komplexe Zahlen erlauben zudem, Nullstellen von Polynomen zu
berechnen.

Eine harmonische Schwingung mit Gleichung $y(t) = A \cdot \sin(\omega \cdot t + \varphi)$ ist durch einen
Zeiger **Z** mit Länge A festgelegt. Der Zeiger dreht sich dabei mit der Winkelgeschwindigkeit
ω (siehe Abb. 1.2). Zum Zeitpunkt $t = 0$ hat er einen Winkel von φ zur x-Achse. Der Winkel
zur x-Achse des Zeigers beträgt zum Zeitpunkt t daher $\omega \cdot t + \varphi$. Den drehenden Zeiger
Z können wir mit einer komplexen Zahl $\underline{y}(t)$ in Zeigerform schreiben. Die komplexe Zahl
$\underline{y}(t)$ hat den Betrag A und das Argument $\omega \cdot t + \varphi$. Daher ist

$$\underline{y}(t) = A \cdot e^{i \cdot (\omega \cdot t + \varphi)} \tag{1.5}$$

Man nennt dies die *komplexe Darstellung* einer harmonischen Schwingung. Der Imaginärteil
dieses Zeigers ist die eigentliche Schwingung $y(t)$:

$$\text{Auslenkung:} \quad y(t) = \Im \underline{y}(t) = A \cdot \sin(\omega \cdot t + \varphi)$$

Der Nullzeiger ist die Position des Zeigers zum Zeitpunkt $t = 0$:

$$\text{Nullzeiger:} \quad \underline{y}(0) = A \cdot e^{i \cdot \varphi}$$

Es ist einfacher, eine harmonische Schwingung mit der Zeigergleichung (1.5) zu beschreiben
als mit der Gl. (1.1). Die Exponentialfunktion ist nämlich besser als die Sinusfunktion geeignet, wenn analytische Ausdrücke vereinfacht werden müssen. Dies illustriert die folgende
Rechnung.

Sind $y_1(t)$ und $y_2(t)$ zwei harmonische Schwingungen mit der gleichen Kreisfrequenz ω, so lauten ihre komplexe Form:

$$\underline{y}_1(t) = A_1 \cdot e^{i \cdot (\omega \cdot t + \varphi_1)}, \qquad \underline{y}_2(t) = A_2 \cdot e^{i \cdot (\omega \cdot t + \varphi_2)}$$

Die Überlagerung der beiden Schwingungen können wir mit der Zeigerform berechnen:

$$\underline{y}_1(t) + \underline{y}_2(t) = A_1 \cdot e^{i \cdot (\omega \cdot t + \varphi_1)} + A_2 \cdot e^{i \cdot (\omega \cdot t + \varphi_2)} = \left(A_1 \cdot e^{i \cdot \varphi_1} + A_2 \cdot e^{i \cdot \varphi_2} \right) \cdot e^{i \cdot \omega \cdot t}$$

Im eingeklammerten Term sind zwei Zeiger addiert. Das Resultat schreiben wir in der Zeigerform: $A \cdot e^{i \cdot \varphi}$. Daraus folgt

$$\underline{y}_1(t) + \underline{y}_2(t) = A \cdot e^{i \cdot \varphi} \cdot e^{i \cdot \omega \cdot t} = A \cdot e^{i \cdot (\omega \cdot t + \varphi)}$$

Diese analytische Rechnung führt zum gleichen Resultat wie die Überlegungen am drehenden Parallelogramm in Abb. 1.5: Addiert man zwei harmonische Schwingungen mit der gleichen Frequenz, so entsteht wieder eine harmonische Schwingung. Die Zeigerform erlaubt es zudem, die entstandene Schwingung mit komplexen Zahlen zu berechnen:

Theorem 1.6 *Die Überlagerung zweier gleich frequenter harmonischer Schwingungen, gegeben durch* $y_1(t) = A_1 \cdot \sin(\omega \cdot t + \varphi_1)$ *und* $y_2(t) = A_2 \cdot \sin(\omega \cdot t + \varphi_2)$*, ist wieder eine harmonische Schwingung:*

$$y_1(t) + y_2(t) = A \cdot \sin(\omega \cdot t + \varphi) \qquad mit \qquad A \cdot e^{i\varphi} = A_1 \cdot e^{i\varphi_1} + A_2 \cdot e^{i\varphi_2}$$

Das folgende Beispiel zeigt, wie sich die komplexe Zeigerform bei Schwingungen gut eignet, um Rechnungen mit dem Computer durchzuführen:

Beispiel 1.4 (Überlagerung zweier harmonischer Schwingungen). Die zwei Schwingungen $y_1(t) = 3 \cdot \sin(t + 2)$ und $y_2(t) = 10 \cdot \sin(t + 4)$ haben die gleiche Kreisfrequenz. Die Überlagerung $y_1(t) + y_2(t)$ der beiden Schwingungen ist daher auch harmonisch. Sie hat Amplitude A und Phase φ mit

$$A \cdot e^{i \cdot \varphi} = 3 \cdot e^{i \cdot 2} + 10 \cdot e^{i \cdot 4}$$

Mit MATLAB können Sie diese Addition wie folgt berechnen:

```
matlab> zeiger = 3*exp(2*1i) + 10*exp(4*1i);
matlab> amplitude = abs(zeiger)
    amplitude =
         9.1669
matlab> phase = angle(zeiger)
```

```
phase =
    -2.5853
```

Mit Julia erfolgt die Rechnung ähnlich. Sie müssen die Terme mit `1i` durch `1im` ersetzen. Es ist damit

$$A \cdot e^{i \cdot \varphi} = 3 \cdot e^{i \cdot 2} + 10 \cdot e^{i \cdot 4} = 9,16 \cdot e^{-2,58 \cdot i}$$

Also ist $y_1(t) + y_2(t) = 9,16 \cdot \sin(t - 2,58)$. In komplexer Form geschrieben lautet das Resultat $9,16 \cdot e^{i \cdot (t - 2,58)}$.

Polynome spielen in der Technik eine Rolle, um Punkte zu interpolieren (vgl. Angewandte Mathematik Bd. 1, [1]). Pole von rationalen Funktionen – also Nullstellen von Polynomen – spielen eine Rolle, um zu analysieren, wie Brücken auf Einflüsse von Luftbewegungen und Erschütterungen reagieren. Das Polynom $p_2(x) = 1 + x^2$ kann man mit komplexen Zahlen faktorisieren:

$$(x - i) \cdot (x + i) = x^2 - i^2 = 1 + x^2$$

Es besitzt damit die zwei komplexen Nullstellen i und $-i$. Man kann allgemein zeigen, dass man ein Polynom $p(z)$ vom Grad n

$$p(z) = a_0 + a_1 \cdot z + a_2 \cdot z^2 + \cdots + a_n \cdot z^n$$

in n lineare Faktoren zerlegen kann:

$$p(z) = a_n(z - z_1)(z - z_2) \cdots (z - z_n)$$

Dabei sind $z_1, z_2, \ldots, z_n$ die komplexen Nullstellen von p. Man nennt dies den *Fundamentalsatz der Algebra*. MATLAB und Julia verfügen über Algorithmen, um die komplexen Nullstellen von Polynomen zu berechnen.

Beispiel 1.5 (Komplexe Nullstellen). Gegeben ist das Polynom $p_4(x) = -50 - 9x + 31x^2 - 9x^3 + x^4$. Die Nullstellen, ermittelt mit MATLAB, lauten

```
matlab> p4 = [1; -9; 31; -9; -50];   roots(p4)
    ans
        4.0000 + 3.0000
        4.0000 - 3.0000i
        2.0000 + 0.0000i
       -1.0000 + 0.0000i
```

Mit Julia erhält man:

```
julia>  using Polynomials
julia>  p4 = Polynomial([-50; -9; 31; -9; 1]); roots(p4)
    4-element Array{Complex{Float64},1}:
```

```
-0.999999999999997 + 0.0im
          2.0 + 0.0im
3.999999999999999 - 3.0000000000000013im
3.999999999999999 + 3.0000000000000013im
```

Das Polynom hat also die vier Nullstellen $4 + 3 \cdot i$, $4 - 3 \cdot i$, 2 und -1 (siehe Abb. 1.15). Man hat deshalb

$$p_4(x) = -50 - 9x + 31x^2 - 9x^3 + x^4 = (x - (4 + 3 \cdot i)) \cdot (x - (4 - 3 \cdot i)) \cdot (x - 2) \cdot (x + 1)$$

Man sagt, dass die Nullstellen alle *einfach* sind, da jeder Faktor nur einmal erscheint. Die fünf Nullstellen des Polynoms $p_5(x) = -16 + 40x - 44x^2 + 26x^3 - 8x^4 + x^5$ sind:

```
matlab> p5 = [1; -8; 26; -44; 40; -16]; roots(p5)
    ans =
        1.0000 + 1.0000i
        1.0000 - 1.0000i
        2.0000 + 0.0000i
        2.0000 + 0.0000i
        2.0000 - 0.0000i
```

Die Nullstellen sind deshalb $1 + i$, $1 - i$ und die Zahl 2 (dreifach). Wir können daher das Polynom $p_5(x)$ wie folgt schreiben:

$$p_5(x) = -16 + 40x - 44x^2 + 26x^3 - 8x^4 + x^5 = (x - (1 + i)) \cdot (x - (1 - i)) \cdot (x - 2)^3$$

Die Nullstelle $x = 2$ ist dreifach. Abb. 1.16 visualisiert die drei Nullstellen mit ihrer Vielfachheit.

Beachten Sie, dass der Algorithmus `roots()` numerisch instabil ist. Die berechneten Nullstellen könnten sehr ungenau sein (vgl. Angewandte Mathematik Bd. 1, [1]).

Abb. 1.15 Nullstellen des Polynoms $p_4(x)$, alle einfach

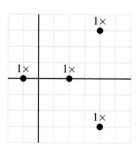

Abb. 1.16 Nullstellen des
Polynoms $p_5(x)$

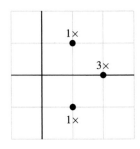

1.6   Ortskurven

In der Mechanik und in der Elektrotechnik betrachtet man Systeme wie Luftseilbahnen,
Fahrzeugfederungen (siehe Abb. 1.17) und elektrische Schwingkreise. Sie werden durch
Schwingungen von Luftbewegungen, Unebenheiten der Straße und Spannungsquellen ange-
regt. Man nennt die Schwingungen $x = x(t) = \sin(\omega \cdot t)$ die *Eingangsgrößen* der Systeme.
Die mechanischen Systeme reagieren auf die Schwingungen mit einer Auslenkung $y = y(t)$.
Elektrische Schwingkreise reagieren mit wechselnden Strömen $i = i(t)$. Man nennt die
Reaktionen *Antworten* oder *Ausgangsgrößen* der Systeme. Abb. 1.18 zeigt die Situation
schematisch.

Abb. 1.17 Eine
Radaufhängung mit einem
McPherson-Federbein (siehe
[3])

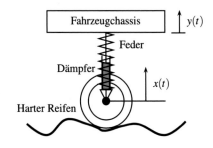

Abb. 1.18 Schematische
Darstellung des Eingangs und
der Antwort eines Systems

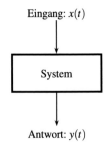

Die erwähnten Systeme reagieren mit harmonischen Schwingungen, die die gleiche Anregungskreisfrequenz ω von $x = x(t) = \sin(\omega \cdot t)$ haben. Man kann dies in Zeigerform wie folgt schreiben:

$$\text{Eingang: } x = x(t) = e^{i \cdot \omega \cdot t} \quad \longrightarrow \quad \text{Antwort: } y = y(t) = A \cdot e^{i \cdot (\omega \cdot t + \varphi)}$$

Die Amplitude A und die Phase φ der Schwingung hängen von der Anregungskreisfrequenz ω ab: $A = A(\omega)$, $\varphi = \varphi(\omega)$. Für jedes ω erhält man somit den Nullzeiger für die Antwort:

$$\text{Nullzeiger}_{\text{Antwort}}(\omega) = A(\omega) \cdot e^{i \cdot \varphi(\omega)}$$

Verbindet man die Endpunkte der Zeiger, erhält man eine Kurve in der Ebene. Dies ist die *Ortskurve des Frequenzgangs der Antwort* (engl. *polar plot of the frequency response*). Den Graph der Ortskurve nennt man das *Nyquist-Diagramm*. Es stellt die Antwort eines Systems – oder genauer den Nullzeiger der Antwort – in Funktion der angeregten Kreisfrequenz dar.

Beispiel 1.6 (Ein erstes System). Bei einem System mit Eingangsgröße $x = x(t)$ und Antwort $y = y(t)$ gelte

$$\text{Eingang: } x = x(t) = e^{i \cdot \omega \cdot t} \quad \longrightarrow \quad \text{Antwort: } y = y(t) = \frac{1}{3 - \omega^2} \cdot e^{i \cdot (\omega \cdot t + \omega)}$$

Die Antwort des Systems ist also eine harmonische Schwingung mit Amplitude $A = 1/(3 - \omega^2)$ und Phase $\varphi = \omega$. Der Nullzeiger der Antwort ist deshalb

$$\text{Nullzeiger}_{\text{Antwort}}(\omega) = \frac{1}{3 - \omega^2} \cdot e^{i \cdot \omega}$$

Ist beispielsweise $\omega = 1$, so ist der Nullzeiger $0{,}5 \cdot e^{i \cdot 1}$. Dies ist eine harmonische Schwingung mit Amplitude $0{,}5$ und Phase 1. Abb. 1.19 zeigt die Graphen der Eingangsschwingung und der Antwortschwingung bei $\omega = 1$.

Abb. 1.19 Eingangssignal $x = \sin(t)$ (grau) und Antwortsignal $y = 0{,}5 \cdot \sin(t + 1)$ (schwarz)

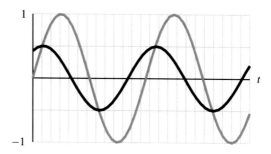

Beispiel 1.7 (Nyquist-Diagramm eines Fahrzeugchassis). Ein Fahrzeugchassis mit Masse m wird über eine Radaufhängung wie in Abb. 1.17 zum Schwingen gebracht. Die Feder in der Radaufhängung habe eine Reibungskonstante R und eine Federkonstante D. Auf die Radaufhängung wirke eine Kraft, die einer harmonischen Schwingung $x = x(t) = A \cdot \exp(\mathrm{i} \cdot \omega \cdot t)$ folgt. Aus der Regeltechnik ist bekannt, dass Fahrzeugchassis auf die Kraft mit Schwingungen reagieren, die die gleiche Kreisfrequenz ω haben:

$$\text{Eingang: } x = x(t) = A \cdot \mathrm{e}^{\mathrm{i} \cdot \omega \cdot t} \quad \longrightarrow \quad \text{Antwort: } y = y(t) = B \cdot \mathrm{e}^{\mathrm{i} \cdot (\omega \cdot t + \varphi)}$$

Für den Nullzeiger der Schwingung $y = y(t)$ gilt (siehe [2]):

$$\text{Nullzeiger}_{\text{Antwort}}(\omega) = B \cdot \mathrm{e}^{\mathrm{i} \cdot \varphi} = \frac{A}{m \cdot (\mathrm{i} \cdot \omega)^2 + R \cdot \mathrm{i} \cdot \omega + D}$$

Die Masse m des Chassis sei 1000 kg, die Reibungskonstante R sei 400 kg/s und die Federkonstante D habe den Wert 1000 N/m. Die Kraft habe eine Amplitude A von 100 N. Wird die Radaufhängung mit einer Kreisfrequenz von $\omega = 0,5\,\mathrm{s}^{-1}$ angeregt, so schwingt das Fahrzeugchassis mit einer Schwingung $y = y(t)$ mit Nullzeiger

$$\frac{100\,\mathrm{N}}{1000\,\mathrm{kg} \cdot (\mathrm{i} \cdot 0,5\,\mathrm{s}^{-1})^2 + 400\,\mathrm{kg/s} \cdot \mathrm{i} \cdot 0,5\,\mathrm{s}^{-1} + 1000\,\mathrm{N/m}} = 0,1288\,\mathrm{m} \cdot \mathrm{e}^{-\mathrm{i} \cdot 0,26}$$

Die Schwingung $y = y(t)$ hat also ein Amplitude von 12,88 cm, eine Phase von $-0,26$ und die Kreisfrequenz lautet $\omega = 0,5\,\mathrm{s}^{-1}$. Tab. 1.2 zeigt verschiedene Werte dieses Nullzeigers für Kreisfrequenzen ω von $0,1\,\mathrm{s}^{-1}$ bis $3,0\,\mathrm{s}^{-1}$. Wirkt auf die Radaufhängung eine Kraft mit der Kreisfrequenz von $1,0\,\mathrm{s}^{-1}$, so schwingt das Fahrzeugchassis stark. Die Amplitude ist 25,00 cm. Hat die Kraft eine Kreisfrequenz von $3,0\,\mathrm{s}^{-1}$, so schwingt das Fahrzeugchassis mit einer Amplitude von 1,24 cm. Abb. 1.20 visualisiert die ersten vier Zeiger aus der Tabelle.

Mit MATLAB können Sie alle Endpunkte der Nullzeiger für $-4\,\mathrm{s}^{-1} \leq \omega \leq 4\,\mathrm{s}^{-1}$ darstellen und verbinden. Sie erhalten so die Ortskurve:

```
matlab> syms omega;
matlab> m = 1000; R = 400; D = 1000; A = 100;
matlab> zeiger(omega)= A/(m*(1i*omega)^2+R*1i*omega+D);
matlab> x(omega)  = real(zeiger(omega));
matlab> y(omega)  = imag(zeiger(omega));
matlab> fplot(@(omega) x(omega), y(omega), [-4 4])
```

Mit Julia kann man wie folgt vorgehen:

```
julia> using Plots
julia> m = 1000; R = 400; D = 1000; A = 100
julia> zeiger(ω)  = A/(m*(1im*ω)^2+R*1im*ω+D)
julia> x(ω) = real(zeiger(ω))
```

Tab. 1.2 Nullzeiger der Antwort $y = y(t)$ des Chassis auf eine Kraft, die auf die Radaufhängung wirkt

ω (in s)	0,1	0,8	1,0	2,0	3,0
Nullzeiger (in cm)	$10,10 \cdot e^{-i \cdot 0,04}$	$20,76 \cdot e^{-i \cdot 0,77}$	$25,00 \cdot e^{-i \cdot 1,57}$	$3,22 \cdot e^{-i \cdot 2,88}$	$1,24 \cdot e^{-i \cdot 2,99}$

Abb. 1.20 Die ersten vier Zeiger aus Tab. 1.2

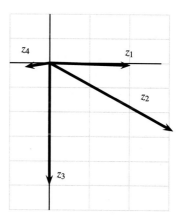

```
julia> y(ω) = imag(zeiger(ω))
julia> plot(x, y, -4, 4, w = 3, lab = "")
```

Abb. 1.21 zeigt den Graph der Ortskurve. Der Punkt auf der Ortskurve, der am weitesten vom Nullpunkt ist, zeigt die maximale erzeugbare Amplitude des Fahrzeugchassis an.

Abb. 1.21 Nyquist-Diagramm des Fahrzeugchassis (das Gitter hat eine Einheit von 10 cm)

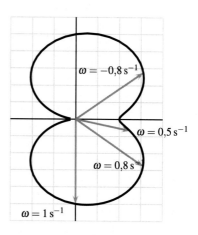

Aufgaben

1.1 Ein Fahrzeug in der xy-Ebene ist zum Zeitpunkt t mit $0 \leq t \leq 1$ im Punkt $P = P(t) = (x(t) \mid y(t))$. Dabei sind

$$x(t) = t - t^2, \qquad y(t) = t + t^2$$

(a) Skizzieren Sie die Fahrkurve von Hand mit Hilfe einer Wertetabelle.
(b) Zeichnen Sie die Fahrkurve mit MATLAB oder mit Julia.
(c) Berechnen Sie den Geschwindigkeitsvektor und den Beschleunigungsvektor. Zeichnen Sie den Orts-, den Geschwindigkeits- und den Beschleunigungsvektor zum Zeitpunkt $t = 0,5$ in die Grafik der Fahrkurve.

1.2 Ein Fahrzeug fährt auf einer Kurve im Raum. Die Position $P = P(t) = (x \mid y \mid z)$ des Fahrzeugs zum Zeitpunkt t ist – für $0 \leq t \leq 11$ – gegeben durch

$$x(t) = 2t \cos(t), \quad y(t) = 2t \sin(t), \quad z(t) = t^2$$

(a) Zeichnen Sie die Kurve mit MATLAB oder mit Julia.
(b) Berechnen Sie den Geschwindigkeits- und den Beschleunigungsvektor des Fahrzeugs.
(c) Bestimmen Sie die Steigung des Fahrzeugs zum Zeitpunkt t.

1.3 In einem kartesischen Koordinatensystem entspricht die x-Achse dem flachen Boden und die y-Achse misst den vertikalen Abstand zum Boden. Wirft man einen Körper mit einer Horizontal- v_H und Vertikalgeschwindigkeit v_V von einem Punkt mit Koordinaten $(x_0 \mid y_0)$ ab, so gilt für die Flugbahn, wenn man den Luftwiderstand nicht berücksichtigt:

$$x(t) = x_0 + v_H \cdot t, \qquad y(t) = -\frac{1}{2} \cdot g \cdot t^2 + v_V \cdot t + y_0$$

(a) Zeichnen Sie die Flugbahn für verschiedene Abwurfgeschwindigkeiten, wenn $x_0 = 0\,\mathrm{m}$ und $y_0 = 10\,\mathrm{m}$.
(b) Berechnen Sie den Zeitpunkt t, wann der Körper den Boden berührt, wenn $x_0 = 0\,\mathrm{m}$ und $y_0 = 10\,\mathrm{m}$ ist.
(c) Berechnen Sie den Geschwindigkeitsvektor $\mathbf{v} = \mathbf{v}(t)$ zum Zeitpunkt t.
(d) Wie lautet der Beschleunigungsvektor $\mathbf{a} = \mathbf{a}(t)$? Überrascht Sie das Resultat?

1.4 Bestimmen Sie bei den folgenden harmonischen Schwingungen Amplitude, Kreisfrequenz, Nullphasenwinkel, Frequenz und Schwingungsdauer:

$$y_1(t) = 15\,\mathrm{cm} \cdot \sin(8\,\mathrm{s}^{-1} \cdot t) \qquad y_2(t) = 2\,\mathrm{cm} \cdot \sin(8\,\mathrm{s}^{-1} \cdot t - \pi/36)$$

$$y_3(t) = 3\,\mathrm{cm} \cdot \sin(6\pi\,\mathrm{s}^{-1} \cdot t + 2) \qquad y_4(t) = 12\,\mathrm{cm} \cdot \cos(7\,\mathrm{s}^{-1} \cdot t + \pi/3)$$

Zeichnen Sie die Nullzeiger der Schwingungen.

1.5 (a) Stellen Sie die beiden harmonischen Schwingungen $f(t) = 2\sin(2t + \pi/2)$ und
$g(t) = 3\sin(2t)$ grafisch dar. Zeichnen Sie auch ihre Nullzeiger.

(b) Berechnen Sie die Amplitude, die Frequenz und den Nullphasenwinkel der Überlagerung $f(t) + g(t)$. Zeichnen Sie die so entstandene Schwingung.

(c) Zwei gleich frequente Wechselspannungen $U_1 = 40\,\text{V} \cdot \sin(314\,\text{s}^{-1} \cdot t + 0{,}1)$ und $U_2 = 70\,\text{V}\cos(314\,\text{s}^{-1} \cdot t)$ werden überlagert. Welche Wechselspannung entsteht?

1.6 Gegeben sind die beiden harmonischen Schwingungen $y_1(t) = 5 \cdot \sin(2t + 3)$ und $y_2(t) = 5{,}1 \cdot \sin(2t - 0{,}3)$. Wie lauten die Amplitude, die Phase und die Kreisfrequenz der Überlagerung $y_1(t) + y_2(t)$?

1.7 Gegeben ist eine harmonische Schwingung $f(t) = 7{,}2 \cdot \sin(4\pi t)$. Bestimmen Sie die Amplitude und den Nullphasenwinkel einer gleich frequenten Schwingung $g(t)$ so, dass die Überlagerung $f(t) + g(t)$ die Amplitude 22,5 und eine Phasenverschiebung von $\pi/3$ gegenüber der Schwingung $f(t)$ aufweist.

1.8 Bestimmen Sie die Phasenverschiebung zwischen zwei gleich frequenten harmonischen Schwingungen gleicher Amplitude so, dass ihre Summe eine harmonische Schwingung derselben Amplitude ergibt. Wie gross sind dabei die Phasenverschiebungen zwischen der Summe und den beiden Teilschwingungen? (*Tipp:* Arbeiten Sie mit dem Zeigerdiagramm ohne zu rechnen.)

1.9 Abb. 1.22 zeigt den Graph einer harmonischen Schwingung $y = y(t) = A \cdot \sin(\omega \cdot t + \varphi)$. Bestimmen Sie A, ω und φ. Zeichnen Sie zudem den Nullzeiger der Schwingung.

Abb. 1.22 Eine harmonische Schwingung $y = y(t)$ (Zeiteinheit t in Sekunden, Auslenkung y in cm)

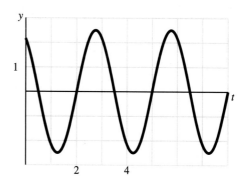

1.10 Von zwei gleich frequenten harmonischen Schwingungen $y_1(t)$, $y_2(t)$ und ihrer Summe $z(t) = y_1(t) + y_2(t)$ kennt man die folgenden Angaben:

	Kreisfrequenz	Amplitude	Nullphasenwinkel
$y_1(t)$	2π s^{-1}	5 cm	$\pi/4$
$y_2(t)$	2π s^{-1}	6 cm	
$z(t)$	2π s^{-1}	7 cm	zwischen 0 und π

Berechnen Sie die fehlenden Nullphasenwinkel von $y_2(t)$ und $z(t)$.

1.11 Die Summe zweier gleich frequenter harmonischer Schwingungen $y_1 = y_1(t)$ und $y_2 = y_2(t)$ hat die Amplitude 10 cm und die Schwingungsdauer 5 s. Der Nullphasenwinkel von y_1 beträgt $\pi/6$, der Nullphasenwinkel von y_2 beträgt $3\pi/4$ und die Amplituden von y_1 und y_2 verhalten sich wie 2:1. Bestimmen Sie die Amplituden von y_1 und y_2, und berechnen Sie den Nullphasenwinkel von $y_1 + y_2$.

1.12 Berechnen Sie ohne Taschenrechner oder Computer die folgenden komplexen Zahlen:

$$(1 + 2i) \cdot (2 + 3i) \quad [(4 - 5i) + (2 + 3i)]^2 \quad (4 - 5i) \cdot (2 + i) \quad i^3 \quad i^4 \quad i^5 \quad i^6$$

$$\frac{17}{4 + i} \quad \frac{1}{1 - 2i} \quad \frac{4 + 3i}{3 - 4i}$$

Kontrollieren Sie die Resultate mit einem Taschenrechner, mit MATLAB oder mit Julia.

1.13 Schreiben Sie die folgenden komplexen Zahlen in Zeigerform auf:

$$5 + 5i \quad 1 + \sqrt{3}i \quad 1 - i \quad -2 + 2i$$

1.14 Es sei $z = a + b \cdot i$. Geben Sie Formeln für z^2, z^3, $z + z^*$, $z - z^*$, $z \cdot z^*$ und $1/z$ an.

1.15 Zeichnen Sie die Zeiger $2 \cdot e^{3\pi i}$, $7 \cdot e^{i\pi/4}$ und $2 \cdot e^{i \cdot 7\pi/2}$ und bestimmen Sie daraus ihre Real- und Imaginärteile.

1.16 Berechnen Sie die folgenden komplexen Zahlen ohne Computer und stellen Sie die Resultate in der Form $x + iy$ dar:

$$(-1 + 2i) \cdot (4 + i), \quad \frac{1}{3 + 2i}, \quad i^8, \quad (1 - i)^4, \quad \frac{9e^{i \cdot 5\pi/6}}{3e^{i \cdot 2\pi/6}}, \quad 5e^{i \cdot 3\pi/8} \cdot 6e^{i \cdot 5\pi/8}$$

1.17 Schreiben Sie die komplexen Zahlen $4i$, $2 + 2i$ und $6 - 6i$ ohne Rechner in Zeigerform.

1.18 Berechnen Sie die folgenden komplexen Zahlen ohne Computer und stellen Sie die Resultate in der Form $x + iy$ dar:

Abb. 1.23 Sieben komplexe
Zahlen als Punkte und Zeiger

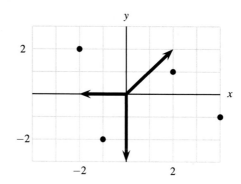

$$(2 + 4\mathrm{i}) \cdot (1 - \mathrm{i}), \quad \frac{2}{1 + \mathrm{i}}, \quad \mathrm{i}^{10}, \quad (-2 + 2\mathrm{i})^4, \quad 2e^{\mathrm{i}\cdot\pi/4} \cdot 5e^{\mathrm{i}\cdot\pi/4}, \quad \frac{\sqrt{8}e^{-\mathrm{i}\pi/4}}{1 + \mathrm{i}}$$

1.19 Abb. 1.23 zeigt verschiedene Punkte und Zeiger. Wie lauten die Punkte und die Zeiger?

1.20 Zeichnen Sie die komplexen Zahlen z in die Gauß'sche Zahlenebene, welche die Bedingung $4 \le |z| \le 5$ erfüllen. Wo liegen alle komplexen Zahlen w mit $\arg(w) = -\pi/4$?

1.21 Veranschaulichen Sie grafisch in der Gauß'schen Zahlenebene alle komplexen Zahlen z mit $|z| \ge 6$. Wo liegen alle komplexen Zahlen w mit $-3 \le \operatorname{Im} z \le 1$ an?

1.22

(a) Zeichnen Sie die Zeiger $e^{\mathrm{i}\pi}$, $2e^{\mathrm{i}\pi/4}$ und $2e^{-\pi\mathrm{i}}$.
(b) Man überlagert zwei Wechselspannungen $\underline{U}_1 = 50\,\text{V} \cdot e^{\mathrm{i}\cdot(300\,\mathrm{s}^{-1}\cdot t + 1)}$ und $\underline{U}_2 = 80\,\text{V}\cdot e^{\mathrm{i}\cdot(300\,\mathrm{s}^{-1}\cdot t + 50)}$, die die gleiche Frequenz haben. Bestimmen Sie mit einem Taschenrechner, mit MATLAB oder mit Julia die Frequenz, die Amplitude und den Nullphasenwinkel der entstandenen Wechselspannung.

1.23 Die zwei folgenden gleich frequenten Wechselspannungen

$$\underline{U}_1(t) = 150\,\text{V} \cdot e^{\mathrm{i}\cdot(400\,\mathrm{s}^{-1}\cdot t + 3)}, \qquad \underline{U}_2(t) = 70\,\text{V} \cdot e^{\mathrm{i}\cdot(400\,\mathrm{s}^{-1}\cdot t - 7)}$$

werden überlagert. Berechnen Sie die Amplitude und den Nullphasenwinkel der Wechselspannung $U(t) = U_1(t) + U_2(t)$.

1.24 Gegeben sind die folgenden zwei harmonischen Schwingungen:

$$\underline{y}_1(t) = 70\,\text{cm} \cdot e^{\mathrm{i}\cdot(10\,\mathrm{s}^{-1}\cdot t - 2)} \qquad \underline{y}_2(t) = 80\,\text{cm} \cdot e^{\mathrm{i}\cdot(10\,\mathrm{s}^{-1}\cdot t + 0,5)}$$

(a) Zeichnen Sie die Nullzeiger der beiden Schwingungen.
(b) Berechnen Sie die Kreisfrequenz, die Amplitude und den Nullphasenwinkel der Schwingung $\underline{y}_1(t) - 3 \cdot \underline{y}_2(t)$.
(c) Bestimmen Sie die Kreisfrequenz, die Amplitude und den Nullphasenwinkel der Schwingung $2 \cdot \underline{y}_1(t) + 0{,}6 \cdot \underline{y}_2(t)$.

1.25 Bestimmen Sie mit einem Rechner alle komplexen Lösungen z der Gleichungen $z^2 + 0{,}1z + 100 = 0$, $z^2 - 2z + 2 = 0$ und $z^2 = -16$. Stellen Sie die Lösungen grafisch dar.

1.26 Berechnen Sie mit MATLAB oder mit Julia alle Nullstellen der Polynome

$$p_1(x) = 300 - 155x + 44x^2 + 10x^3 - 8x^4 + x^5$$
$$p_2(x) = -20 + 48x - 45x^2 + 23x^3 - 7x^4 + x^5$$
$$p_3(x) = 1 + 3x + 3x^2 + x^3$$
$$p_4(x) = 1 + x^{10}$$

Zeichnen Sie die Nullstellen als Punkte in der komplexen Ebene und geben Sie ihre Vielfachheiten an.

1.27

(a) Gegeben ist die Ortskurve

$$\text{Nullzeiger}(\omega) = 2e^{i \cdot \omega} - i$$

Wenn ω alle reellen Zahlen durchläuft, so bewegt sich der Nullzeiger(ω) auf einer Kurve in der komplexen Ebene. Überlegen Sie, wie diese Kurve aussieht.
(b) Beantworten Sie dieselbe Frage für

$$\text{Nullzeiger}(\omega) = \frac{5}{(i \cdot \omega)^2 + 0{,}1 \cdot i \cdot \omega + 5}$$

mit $-20 \le \omega \le 20$. Aufgabe (b) ist schwieriger als Aufgabe (a). Erstellen Sie deshalb nur einen MATLAB- oder einen Julia-Plot der Kurve. Finden Sie den Punkt auf der Ortskurve, der am weitesten vom Nullpunkt entfernt ist.

1.28 Ein Fahrzeugchassis hat die Masse $m = 2000\,\text{kg}$. Die Feder in der Radaufhängung hat die Reibungskonstante $R = 200\,\text{kg/s}$ und die Federkonstante ist $D = 500\,\text{N/m}$. Auf die Radaufhängung wirkt eine Kraft $x = x(t) = 300\,N \cdot \exp(i \cdot \omega \cdot t)$ mit $\omega = 0{,}4\,\text{s}^{-1}$. Das Chassis antwortet mit einer harmonischen Schwingung. Wie lauten die Amplitude, die Phase und die Kreisfrequenz der Antwort?

1.29 Die Admittanz $\underline{Y}$ eines RLC-Schwingkreises ist

$$\underline{Y} = \cfrac{1}{R + i\omega L + \cfrac{1}{i\omega C}}$$

(a) Geben Sie eine Formel für den Betrag A von $\underline{Y}$ an.

(b) Es seien R, L und C fest, aber $\omega \geq 0\,\mathrm{s}^{-1}$ variabel. Der obige Betrag A wird damit zu einer Funktion von ω. Wie gross ist A in den Extremfällen $\omega = 0\,\mathrm{s}^{-1}$ und $\omega = \infty$?

(c) Es sei $L = 100\,\mu\mathrm{H}$ und $C = 0{,}01\,\mu\mathrm{F}$. Erstellen Sie mit MATLAB oder mit Julia den Graph von $A(\omega)$ in den drei Fällen $R = 20\,\Omega$, $60\,\Omega$ und $200\,\Omega$. Für welchen Wert von ω ist $A(\omega)$ maximal?

Literatur

1. Bättig, D.: Angewandte Mathematik 1 mit MATLAB und Julia. Springer, Heidelberg (2020)
2. Kreyszig, E.: Advanced Engineering Mathematics, 7. Aufl. Wiley, New York (1993)
3. Tröster, F.: Regelungs- und Steuerungstechnik für Ingenieure, 4. Aufl., De Gruyter, Berlin (2015)

Folgen, Reihen und nichtlineare Gleichungen

2

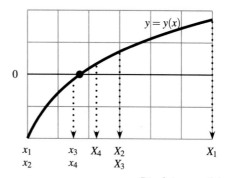

Bisektionsverfahren

Zusammenfassung

Lösungen von nichtlinearen Gleichungen können mit dem Bisektionsverfahren approximativ bestimmt werden. Mit dem Verfahren wird eine Lösung mit einer Folge von Zahlen berechnet: eine erste Approximation, eine zweite Approximation usw., bis die verlangte Genauigkeit erreicht ist. Die mathematischen Werkzeuge dazu sind Folgen und Grenzwerte. Folgen, insbesondere geometrische Folgen und Reihen, Grenzwerte und das Bisektionsverfahren bilden daher die Hauptfokusse des Kapitels.

2.1   Folgen und Grenzwerte

Rationale oder reelle Zahlen können mit endlichen Dezimalzahlen approximiert werden. Um zu beschreiben, wie genau solche Approximationen sind, braucht man Begriffe wie *Folgen, konvergierende Folgen* und *Grenzwerte*. Um diese Begriffe einzuführen, betrachten wir die Dezimalzahlentwicklung von 5/3:

© Springer-Verlag GmbH Deutschland, ein Teil von Springer Nature 2021
D. Bättig, *Angewandte Mathematik 2 mit MATLAB und Julia*,
https://doi.org/10.1007/978-3-662-62207-0_2

$$\frac{5}{3} = 1,66666666\ldots\ldots$$

Wir können die Zahl 5/3 mit endlichen Dezimalzahlen approximieren: Wir approximieren sie zuerst mit $a_1 = 1$. Der Fehler, der dabei entsteht, ist kleiner als 0,7, da $|1 - 5/3| \leq 0,7$ ist. Eine zweite Approximation ist $a_2 = 1,6$. Nun ist der Fehler kleiner als 0,07, weil $|1,6 - 5/3| \leq 0,07$ ist. Eine dritte Approximation ist $a_3 = 1,66$. Der Fehler ist kleiner als 0,007.

Die Approximationen 1, 1,6, 1,66, 1,666, 1,6666, ... nennt man eine *Folge* (engl. *sequence*) von Zahlen a_n. Die zugehörigen Werte $a_1, a_2, a_3, a_4, \ldots$ nennt man die *Elemente* der Folge. Bei der obigen Folge sieht man, dass die Abweichung von a_n zu 5/3 so klein als möglich wird, wenn n nur groß genug ist. Man sagt, dass die Folge gegen die Zahl 5/3 *konvergiert* und schreibt:

$$\lim_{n \to \infty} a_n = \frac{5}{3}$$

Man definiert:

Definition 2.1 (Konvergenz). Eine Folge von endlichen Dezimalzahlen oder von rationalen Zahlen *konvergiert* (engl. *converges*) gegen eine reelle Zahl A, wenn der Abstand zwischen dem n-ten Element a_n der Folge und A so klein als möglich wird, wenn n nur groß genug ist.

Man nennt die Zahl A in der Definition den *Grenzwert* (engl. *limit*) der Folge. Dies wird wie folgt notiert:

$$\lim_{n \to \infty} a_n = A$$

Eine Folge heißt *divergent* (engl. *divergent*), wenn sie nicht konvergiert.

Beispiel 2.1 (Konvergente Folge). Konvergiert die Folge mit den rationalen Zahlen 1/2, 2/3, 3/4, 4/5, 5/6, ...? Das n-te Element der Folge ist $n/(n + 1)$. Für große n ist $n \approx n + 1$. Daher vermutet man, dass die Folge gegen die Zahl Eins konvergiert. Um dies zu zeigen, berechnen wir den Abstand vom n-ten Element der Folge zur Zahl Eins. Dies berechnet man mit dem Betrag (vgl. Angewandte Mathematik 1 Bd. 1, [1]):

$$\text{Abstand zwischen } \frac{n}{n+1} \text{ und } 1 = \left| \frac{n}{n+1} - 1 \right| = \left| \frac{n - (n+1)}{n+1} \right| = \frac{1}{n+1}$$

So wird der Abstand zwischen dem n-ten Element der Zahl Eins höchstens 10^{-10}, wenn

$$\frac{1}{n+1} \leq 10^{-10} \quad \text{bzw.} \quad n \geq 10^{10} - 1$$

Wenn n mindestens 10^{10} ist, haben alle Elemente der Folge eine Abweichung kleiner als 10^{-10}. Es folgt, dass diese Abweichung so klein als möglich wird, wenn n nur groß genug ist. Damit konvergiert die Folge gegen die Zahl Eins. Abb. 2.1 illustriert die Situation. Sie zeigt, wie die Elemente der Folge langsam gegen eins konvergieren. Erst nach zehn, hundert oder tausend Elementen sind die Werte jeweils eine Kommastelle näher am Grenzwert.

Beispiel 2.2 (Divergente Folge). Gegeben sei die Folge $-1, 1, -1, 1, -1, 1, -1, 1, \ldots$ usw. Die geraden Elemente der Folge sind eins. Konvergiert die Folge gegen diese Zahl? Dazu berechnen wir den Abstand des n-ten Elements zu eins:

$$| \; n\text{-tes Element der Folge} \; -1 \; | = \begin{cases} 0 & \text{wenn } n \text{ gerade} \\ 2 & \text{wenn } n \text{ ungerade} \end{cases}$$

Der Abstand zur Zahl Eins wird daher nicht möglichst klein, wenn n genügend groß ist. Die Elemente mit ungeradem n sind immer zwei Einheiten von eins entfernt. Die Folge konvergiert nicht gegen die Zahl Eins.

Beispiel 2.3 (Geometrische Folge). Die Folge der endlichen Dezimalzahlen

$$0{,}4, \quad 0{,}4^2 = 0{,}16 \quad 0{,}4^3 = 0{,}064 \quad 0{,}4^4 = 0{,}0256 \quad 0{,}4^5 = 0{,}01024 \quad \ldots$$

konvergiert gegen die Zahl Null. Man nennt sie eine geometrische Folge. Bei jedem Schritt wird das Element der Folge mit 0,4 multipliziert. Da $0{,}4^3 = 0{,}064$ ist, erhalten wir nach jedem dritten Schritt eine weitere Kommastelle mit null. Im Gegensatz zum Beispiel 2.1 konvergiert die Folge gleichmäßig: a_3 eine Stelle, a_6 zwei Stellen und a_9 drei Stellen mit null nach dem Komma. Man spricht von *linearer* Konvergenz. Abb. 2.2 zeigt die Situation.

Man nennt eine Folge *geometrisch,* wenn sie in der Form $a_n = r^n$ mit einer *konstanten* Zahl r geschrieben werden kann. Insbesondere darf r nicht von n abhängen. Hier drei weitere Beispiele dazu:

Abb. 2.1 Die Folge 1/2, 2/3, 3/4, … konvergiert gegen die Zahl Eins

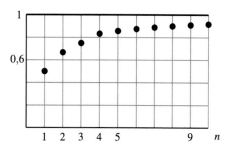

Abb. 2.2 Lineare Konvergenz
gegen null der Folge mit n-tem
Element $a_n = (0{,}4)^n$

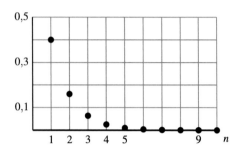

Tab. 2.1 Anzahl positiv getesteter Personen auf SARS-CoV-2, Bundesamt für Gesundheit Schweiz, gerundet auf hundert Personen

Periode	20.03 – 03.04	04.04 – 10.04	11.04 – 17.04	18.04 – 24.04	25.04 – 01.05	02.05 – 08.05
Anzahl	7500	4800	2700	1700	1000	500

Beispiel 2.4 (SARS-CoV-2, geometrische Folge). Tab. 2.1 zeigt die Anzahl Personen, die pro Woche positiv auf SARS-CoV-2 während zweier Monate im Frühling 2020 in der Schweiz getestet wurden. Während dieser Periode waren viele Geschäfte geschlossen und kulturelle Veranstaltungen untersagt. Die Quotienten aufeinanderfolgender Zahlen sind

$$\frac{4800}{7500} = 0{,}64, \quad \frac{2700}{4800} = 0{,}56, \quad \frac{1700}{2700} = 0{,}63, \quad \frac{1000}{1700} = 0{,}59, \quad \frac{500}{1000} = 0{,}50$$

Die Anzahl der infizierten Personen nahm also etwa mit dem Faktor 0,60 ab. Anders gesagt, steckte eine infizierte Person durchschnittlich 0,6 Personen an. Den Faktor nennt man den *Reproduktionsfaktor*. Ein Modell dazu ist die geometrische Folge:

$$a_1 = 7500, \quad a_2 = 7500 \cdot 0{,}6, \quad a_2 = 7500 \cdot 0{,}6^2, \quad a_2 = 7500 \cdot 0{,}6^3, \quad \ldots$$

Abb. 2.3 visualisiert die Folge und die Messwerte. Da $0{,}6^5 = 0{,}078$ ist, ist die Anzahl infizierter Personen gemäß dem Modell jeweils nach fünf Wochen eine Kommastelle näher bei null. Bei tausend infizierten Personen werden erst nach zehn Wochen weniger als zehn Personen neu infiziert. Dies ist eine lineare Konvergenz gegen null.

Beispiel 2.5 (Maßstab und Multiplikator). Gegeben ist die Folge mit Elementen $a_1 = 10^0 \, \text{m} = 1 \, \text{m}$, $a_2 = 10^{-1} \, \text{m} = 1 \, \text{dm}$, $a_3 = 10^{-2} \, \text{m} = 1 \, \text{cm}$, $a_4 = 10^{-3} \, \text{m} = 1 \, \text{mm}$, …. Sie ist geometrisch mit dem Faktor $r = 0{,}1$. Die Elemente der Folge werden jeweils um den Faktor zehn kleiner. Man spricht von der Änderung der Größenordnung. Diese wird benutzt, um Maßstäbe zu vergrößern (siehe Abb. 2.4).

Abb. 2.3 Anzahl neu
infizierter Personen pro Woche:
Messwerte (Punkte) und
Modell mit geometrischer
Folge (Ringe)

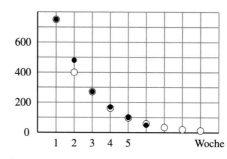

Abb. 2.4 Maßstab:
Vergrößerung um den Faktor
zehn

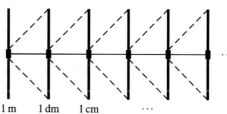

Beispiel 2.6 (Zinseszins). Geometrische Folgen entstehen, wenn man einen Zinseszins berechnet. Bei einem jährlichen Zinssatz von s (eine Zahl zwischen -1 und 1) beträgt das Kapital nach n Jahren $K_n = K_0 \cdot (1 + s)^n$. Dabei ist K_0 das Anfangskapital. Wird ein Kapital von $K_0 = 1000$ € zu einem Zinssatz von 2% verzinst, so beträgt das Kapital K_{10} nach zehn Jahren

$$K_{10} = 1000 \text{ €} \cdot (1 + 0{,}02)^{10} = 1218{,}99 \text{ €}$$

Ist der Zinssatz s größer als null, so wächst das Kapital K_n mit zunehmendem n ohne Grenzen. Die Folge divergiert.

Wir betrachten nun allgemein eine geometrische Folge mit Elementen $a_n = r^n$. Wir untersuchen, wie r gewählt werden muss, damit die Folge konvergiert. Wenn $r = 1$ ist, dann ist $a_n = 1$. Die Folge konvergiert gegen eins. Wenn $r = -1$ ist, so ist $a_1 = -1, a_2 = 1, a_3 = -1$ usw. Die Folge divergiert. Ist r wie beim Beispiel 2.3 zwischen -1 und 1, so konvergiert die geometrische Folge gegen null. So ist $\lim_{n \to \infty}(-0{,}8)^n = 0$ (siehe Abb. 2.5). Wenn $r > 1$ ist, so werden die Elemente der Folge immer größer. Die Folge divergiert. Die Folge divergiert auch, wenn $r < -1$ ist. So wachsen die Beträge der Zahlen $-1{,}6$, $(-1{,}6)^2 = 2{,}56$, $(-1{,}6)^3 = -4{,}096$, $(-1{,}2)^4 = 6{,}5536$, … ohne Grenzen. Zusammengefasst folgt:

Theorem 2.1 (Geometrische Folge). *Für eine geometrische Folge mit n-tem Element $a_n = r^n$ mit einer konstanten, rationalen Zahl r gilt:*

Abb. 2.5 Konvergenz gegen null der Folge mit n-tem Element $a_n = (-0,8)^n$

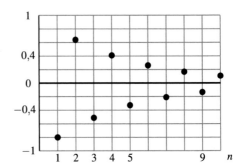

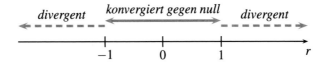

Ist $r = 1$, so konvergiert die Folge gegen eins. Ist $r = -1$, so divergiert die Folge. Die Konvergenz ist jeweils linear.

Eine in der Ökonomie benutzte Folge ist die *geometrische Reihe* (engl. *geometric serie*). Mit ihr kann man Investitionen abdiskontinuieren und Sparpläne berechnen (siehe [5]). Hier ein Beispiel dazu:

Beispiel 2.7 (Sparplan). Eine Person zahlt jeden Monat einen Betrag von b Euro auf ein Sparkonto ein. Das Geld auf dem Sparkonto wird monatlich verzinst und somit mit dem Faktor q multipliziert. Bei einem monatlichen Zinssatz von $0,2\,\%$ ist der Faktor $q = 1,002$. Damit ist

$$\text{Geld auf Konto} = \text{Geld auf Konto Vormonat} \times q + b$$

Ist s_n das Geld auf dem Sparkonto im Monat n, so ist deshalb $s_0 = b$,

$$s_1 = b \cdot q + b = b \cdot (1 + q), \quad s_2 = [b \cdot (1 + q)] \cdot q + b = b \cdot (1 + q + q^2), \quad \dots$$

Dies nennt man eine *geometrische Reihe* mit dem *Faktor* q. Das n-te Element s_n der Folge ist

$$s_n = b \cdot (1 + q + q^2 + q^3 + \dots + q^n) = b \cdot \frac{1 - q^{n+1}}{1 - q}$$

Das Gleichheitszeichen rechts entsteht, wenn man das Folgende notiert:

$$s_n - b = b \cdot (q + q^2 + \dots + q^n) = q \cdot b \cdot (1 + q + \dots + q^{n-1}) = q \cdot \left(s_n - b \cdot q^n\right)$$

Daher ist $s_n - q \cdot s_n = b - b \cdot q^{n+1}$, was zur obigen Gleichung führt.

Will eine Person nach 30 Monaten einen Betrag von 5 000 € sparen, so ist bei einem monatlichen Sparzins von 0,2 % mit dem obigen Resultat

$$s_{30} = b \cdot \frac{1 - 1,002^{30+1}}{1 - 1,002} = b \cdot 31,948 = 5000 \text{ €}$$

Daher muss die Person pro Monat $b = 156,50$ € auf das Sparkonto zahlen.

Bei der geometrischen Reihe lautet das n-te Element

$$s_n = b \cdot \frac{1 - q^{n+1}}{1 - q} = b \cdot \frac{1 - q \cdot q^n}{1 - q}$$

Im Zähler befindet sich die geometrische Folge mit dem Element q^n. Die Folge s_n wird deshalb nur konvergieren, wenn $|q| < 1$ ist. Da in diesem Fall $q^n \approx 0$ ist, wird $s_n \approx b \cdot 1/(1 - q)$:

Theorem 2.2 *(Geometrische Reihe). Die Folge mit Startwert $s_0 = b$ und der Eigenschaft*

$$n\text{-tes Element} = (n - 1)\text{-tes Element} \times q + b$$

besitzt das n-te Element

$$s_n = b \cdot (1 + q + q^2 + q^3 + \cdots + q^n) = b \cdot \frac{1 - q^{n+1}}{1 - q} \tag{2.1}$$

Die Folge konvergiert gegen $b/(1 - q)$, falls $|q| < 1$ ist. Ist $|q| \geq 1$, so divergiert die Folge.

Es ist also

$$2 \cdot (1 + 0,25 + (0,25)^2 + (0,25)^3 + (0,25)^4 + \ldots) = \frac{2}{1 - 0,25} = \frac{8}{3}$$

und $1 + (-0,5) + (-0,5)^2 + (-0,5)^3 + (-0,5)^4 + \cdots = 1/(1 - (-0,5)) = 2/3$. Im ersten Beispiel ist $b = 2$ und $q = 0,25$ und im zweiten Beispiel ist $b = 1$ und $q = -0,5$. Die Summe

$$1 + 1,2 + (1,2)^2 + (1,2)^3 + (1,2)^4 + \ldots$$

ist allerdings divergent. Hier ist der Faktor $q = 1,2 > 1$.

2.2   Nicht einfach zu beantworten: Konvergiert eine Folge?

Im Folgenden werden verschiedene Techniken erwähnt, mit denen bestimmt werden kann, ob eine Folge konvergiert. Diese werden benötigt, um komplexe Algorithmen, die in diesem Buch vorgestellt werden, zu beurteilen. Im Bd. 1 des Buchs (siehe [1]) wurde die Exponentialfunktion mit einem Grenzwert definiert:

$$y = \exp(x) = \lim_{n \to \infty} \left(1 + \frac{x}{n}\right)^n$$

Insbesondere ist die Eulerzahl e $= 2{,}718281828\ldots$ der Grenzwert der obigen Folge für $x = 1$:

$$e = \lim_{n \to \infty} \left(1 + \frac{1}{n}\right)^n$$

Diese Definition setzt voraus, dass die Folge mit n-tem Element $a_n = (1+1/n)^n$ konvergiert. Man kann dies nicht mittels Computer beweisen. Man muss nämlich zeigen, dass der Abstand des n-ten Elements zur Zahl e so klein als möglich wird, wenn n nur groß genug ist. Erstens ist dies eine Bedingung für unendliche viele n. Zweitens ist e eine unendliche Dezimalzahl und ist also nicht darstellbar. Es folgt ein weiteres Beispiel:

Beispiel 2.8 (Harmonische Reihe). Die harmonische Reihe ist eine Folge von Zahlen a_1, $a_2, a_3, \ldots$ mit $a_1 = 1$, bei der die Differenz $\Delta = a_n - a_{n-1}$ zwischen zwei aufeinanderfolgenden Elementen gleich $1/n$ ist. Zwei aufeinanderfolgende Elemente gleichen sich also an. Trotzdem konvergiert die Folge nicht. Es folgt der Beweis dazu. Man hat

$$a_1 = 1, \quad a_2 = 1 + \frac{1}{2} = \frac{3}{2}, \quad a_3 = \frac{3}{2} + \frac{1}{3} = \frac{11}{6}, \quad a_4 = \frac{11}{6} + \frac{1}{4} = \frac{25}{12}, \quad \ldots$$

Das n-te Element der Folge ist

$$a_n = 1 + \frac{1}{2} + \frac{1}{3} + \frac{1}{4} + \frac{1}{5} + \frac{1}{6} + \frac{1}{7} + \frac{1}{8} + \frac{1}{9} + \cdots + \frac{1}{16} + \cdots + \frac{1}{n}$$

Das Element a_n mit n einer Zweierpotenz $n = 2^m$ ist größer als

$$1 + \frac{1}{2} + \underbrace{\frac{1}{4} + \frac{1}{4}}_{=1/2} + \underbrace{\frac{1}{8} + \frac{1}{8} + \frac{1}{8} + \frac{1}{8}}_{=4 \times 1/8 = 1/2} + \underbrace{\frac{1}{16} + \cdots + \frac{1}{16}}_{8 \times 1/16 = 1/2} + \cdots + \frac{1}{2^m} = 1 + m \cdot \frac{1}{2}$$

Das Element a_n wird damit beliebig groß. Die Folge wächst ohne Grenzen. Sie divergiert. In der Tat muss die Differenz Δ zwischen zwei benachbarten Elementen *genügend schnell* gegen Null gehen, damit die Folge konvergiert.

Zwei Methoden werden oft benutzt, um zu zeigen, dass eine Folge $a_1, a_2, a_3, \ldots$ von rationalen Zahlen oder endlichen Dezimalzahlen konvergiert. Die erste Methode ist im folgenden Theorem formuliert:

Theorem 2.3 *Eine Folge habe die Eigenschaft, dass das nächstfolgende Element der Folge immer mindestens so groß ist wie das vorhergehende Element: $a_n \geq a_{n-1}$. Zudem seien alle Elemente der Folge kleiner als eine konstante Zahl C: $a_n \leq C$. In diesem Fall konvergiert die Folge $a_1, a_2, a_3, \ldots$ gegen eine reelle Zahl A mit $A \leq C$.*

Beweise zum Theorem 2.3 findet man in Büchern zur Analysis (siehe etwa [2] oder [7]).

Abb. 2.1 visualisiert eine solche Situation. Die Folge 1/2, 2/3, 3/4, 4/5, 5/6, … aus Beispiel 2.1 erfüllt die Kriterien des Theorems. Erstens werden die Elemente der Folge immer größer. Zweitens sind die Elemente alle kleiner als die Zahl $C = 1$, weil die Brüche einen kleineren Zähler als Nenner haben. Sie Folge konvergiert daher.

Abb. 2.6 zeigt die ersten zehn Elemente der am Anfang des Abschnitts vorgestellten Folge mit n-tem Element

$$a_n = \left(1 + \frac{1}{n}\right)^n$$

Die Elemente der Folge scheinen immer größer zu werden. Man kann zeigen, dass dies für alle Elemente a_n zutrifft. Zudem kann man beweisen, dass alle Elemente der Folgen kleiner als die Zahl $C = 3$ sind, indem man a_n mit der Binomialformel ausmultipliziert. Also gilt:

$$\left(1 + \frac{1}{n+1}\right)^{n+1} > \left(1 + \frac{1}{n}\right)^n \quad \text{und} \quad \left(1 + \frac{1}{n}\right)^n < 3$$

Sie finden Rechnungen dazu in Büchern zur Analysis oder im Internet (siehe [8]). Aus Theorem 2.3 folgt, dass die untersuchte Folge konvergiert. Den Grenzwert der Folge nennt man die Eulerzahl, abgekürzt e. Das Beispiel zeigt die Grenze des Theorems 2.3. Dass eine Folge konvergiert, kann gezeigt werden. Den Grenzwert kann man aber nicht berechnen.

Wir betrachten nun eine zweite Methode, die es erlaubt festzustellen, ob eine Folge konvergiert. Dazu betrachten wir das Beispiel 2.8 zur harmonischen Reihe. Hier strebt die

Abb. 2.6 Die ersten zehn Elemente der Folge mit n-tem Element $a_n = (1 + 1/n)^n$

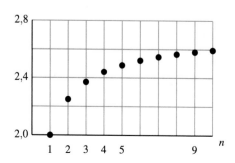

Differenz zwischen zwei benachbarten Elementen der Folge gegen null. Trotzdem divergiert die Folge. Es gilt: Eine Folge mit rationalen Zahlen konvergiert genau dann gegen eine reelle Zahl, wenn der Abstand $|a_m - a_n|$ beliebiger (*nicht nur benachbarter*) Elemente so klein als möglich wird, sobald n und m genügend groß sind. Dies ist das *Cauchy-Kriterium*. Es basiert auf der Tatsache, dass die reellen Zahlen die Zahlengerade vollständig abdecken. Einen Beweis des Kriteriums findet man etwa in [2].

Konvergiert die Differenz $\Delta = a_{n+1} - a_n$ zwischen zwei benachbarten Elementen einer Folge *genügend schnell* gegen null, so erfüllt sie das Kriterium von Cauchy. Als Beispiel betrachten wir eine Folge mit

$$|a_{n+1} - a_n| \leq r^n$$

Dabei ist r eine konstante Zahl r mit $0 \leq r < 1$. Hier streben benachbarte Elemente der Folge wie bei einer geometrischen Folge gegen null. Wir berechnen nun die Abweichung $|a_m - a_n|$ beliebiger Elemente mit $m > n$. Sie ist nicht größer als die Summe der Abweichungen zwischen den benachbarten Elementen $a_m - a_{m-1}, a_{m-1} - a_{m-2}, \ldots$ und $a_{n+1} - a_n$. Also ist

$$|a_m - a_n| \leq r^{m-1} + r^{m-2} + \cdots + r^{n+2} + r^{n+1} + r^n$$

Wir tauschen die Reihenfolge der Summanden und klammern r^n aus, um die Summe aus der geometrischen Reihe zu erhalten:

$$|a_m - a_n| \leq r^n \cdot \left(1 + r^1 + r^2 + \cdots + r^{m-2-n} + r^{m-1-n}\right)$$

Nun vereinfachen wir die Summe gemäß Gl. (2.1) für die geometrische Reihe:

$$|a_m - a_n| \leq r^n \cdot \frac{1 - r^{m-n}}{1 - r}$$

Sobald n und $m > n$ genügend groß sind, nähert sich der erste Faktor r^n null. Der zweite Faktor ist beschränkt. Die Abweichung $|a_m - a_n|$ wird damit beliebig klein. Die Folge konvergiert. Um den Grenzwert A zu berechnen, benutzen wir die letzte Gleichung. Wir setzen dazu $m = \infty$. Dann ist $a_\infty = A$ und

$$|A - a_n| \leq r^n \cdot \frac{1 - r^\infty}{1 - r} = r^n \cdot \frac{1 - 0}{1 - r} = \frac{r^n}{1 - r}$$

Es ist also:

Theorem 2.4 (*Spezialfall A des Cauchy-Kriteriums*). *Bei einer Folge von Zahlen gehe die Differenz benachbarter Elemente wie bei einer geometrischen Folge gegen Null:*

$$|a_{n+1} - a_n| \leq C \cdot r^n$$

Dabei ist $0 \leq r < 1$ und C ist eine Konstante. In diesem Fall konvergiert die Folge. Das n-te Element a_n der Folge approximiert den Grenzwert mit einem Fehler von höchstens $C \cdot r^n / (1 - r)$.

Auf ähnliche Art kann man zeigen:

Theorem 2.5 (*Spezialfall B des Cauchy-Kriteriums*). *Für eine Folge von Zahlen gelte für die Differenz benachbarter Elemente, dass*

$$|a_{n+1} - a_n| \leq \frac{C}{n^\alpha}$$

mit $\alpha > 1$ ist. In diesem Fall konvergiert die Folge. Das n-te Element a_n der Folge approximiert den Grenzwert mit einem Fehler von höchstens $C \cdot (n-1)^{1-\alpha} / (\alpha - 1)$.

Hier ein Beispiel dazu:

Beispiel 2.9 (*Reziproke Quadrate aufsummieren*). Wir betrachten die Folge mit den Elementen $a_1 = 0$ und

$$a_2 = 1, \quad a_3 = 1 + \frac{1}{2^2}, \quad a_4 = 1 + \frac{1}{2^2} + \frac{1}{3^2}, \quad a_5 = 1 + \frac{1}{2^2} + \frac{1}{3^2} + \frac{1}{4^2}, \quad \ldots$$

Die Differenz benachbarter Elemente $\Delta = a_{n+1} - a_n$ ist gleich $1/n^2$. Die Folge konvergiert deshalb gemäß Theorem 2.5. Approximiert man den Grenzwert A mit dem n-ten Element a_n der Folge, so ist der Abstand zu A höchstens

$$\frac{(n-1)^{1-\alpha}}{\alpha - 1} = \frac{(n-1)^{1-2}}{2 - 1} = \frac{1}{n - 1}$$

Mit dem Element $a_{10\,000}$ wird der Grenzwert mit einer Genauigkeit von mindestens $10\,000^{-1} = 10^{-4}$ bestimmt. Mit MATLAB oder mit Julia können Sie das Element $a_{10\,000}$ mit einer `for`-Schleife berechnen (vgl. Angewandte Mathematik Bd. 1, [1]). Mit MATLAB und mit Julia sieht dies so aus:

```
mj> a = 0;
mj> for k = 1:10000
        a = a + 1/k^2;
    end
mj> a
  a =
     1.6449
```

Der exakte Grenzwert beträgt $\pi^2/6 = 1{,}644934067\ldots$. Er wurde im Jahr 1735 durch Euler bestimmt. Euler veröffentlichte das Resultat im Buch „De Summis Serierum Reciprocarum" (siehe [6]).

2.3   Nichtlineare Gleichungen: Beispiele

Viele Phänomene aus Physik, Chemie oder Technik können durch lineare Gleichungen oder lineare Gleichungssysteme beschrieben werden. Diese können mit der Regel von Cramer oder dem Verfahren von Gauß gelöst werden. Es gibt aber auch Phänomene, die durch nichtlineare Gleichungen modelliert werden. So werden Spannungen in Diodenschaltungen in der Elektrotechnik, Geschwindigkeiten in turbulenten Strömungen und Gasgemische durch nichtlineare Gleichungen beschrieben. Hierzu folgen zwei weitere Beispiele:

Beispiel 2.10 (Kreissegment). Abb. 2.7 zeigt ein Kreissegment mit Radius r und Mittelpunktswinkel α. Die Fläche F des Segments ist

$$F = \frac{1}{2} \cdot r^2 \cdot (\alpha - \sin\alpha)$$

Wenn $F = 50\,\text{cm}^2$ und $r = 10\,\text{cm}$ sind, gilt für den Mittelpunktswinkel die Gleichung

$$50 \cdot (\alpha - \sin\alpha) = 50 \quad \text{bzw.} \quad \alpha - \sin\alpha = 1$$

Dies ist eine nichtlineare Gleichung für α. Man kann sie nicht nach α auflösen.

Beispiel 2.11 (Fallschirmspringerin). Für die Fallstrecke $s = s(t)$ einer Fallschirmspringerin gilt nach dem Gesetz von Newton

$$s = s(t) = \frac{m \cdot g}{k} \cdot t - \frac{m^2 \cdot g}{k^2} \cdot \left(1 - e^{-t \cdot k/m}\right)$$

Abb. 2.7 Kreissegment mit
Radius r und
Mittelpunktswinkel α

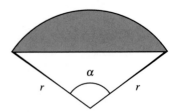

Dabei ist m die Masse der Fallschirmspringerin, $g = 9{,}81\,\mathrm{m/s^2}$ die Erdbeschleunigung und k die Reibungskonstante. Die Reibungskonstante hängt von der Luftwiderstandskraft ab, die der Fallschirm erzeugt. Sind $m = 70\,\mathrm{kg}$ und $k = 180\,\mathrm{kg/s}$, so ist

$$s = s(t) = 3{,}815\,\mathrm{m/s} \cdot t - 1{,}484\,\mathrm{m} \cdot \left(1 - \mathrm{e}^{-2{,}571\mathrm{s}^{-1} \cdot t}\right)$$

Nach $t = 100\,\mathrm{s}$ beträgt die Fallstrecke $s = s(100\,\mathrm{s}) = 380{,}02\,\mathrm{m}$. Um den Zeitpunkt t zu bestimmen, in dem die Fallstrecke $50\,\mathrm{m}$ beträgt, muss die Gleichung

$$3{,}815\,\mathrm{m/s} \cdot t - 1{,}484\,\mathrm{m} \cdot \left(1 - \mathrm{e}^{-2{,}571\mathrm{s}^{-1} \cdot t}\right) = 50\,\mathrm{m}$$

gelöst werden. Die Gleichung ist nicht linear und kann nicht nach der Zeit t aufgelöst werden.

In nächsten Abschnitt wird eine Methode vorgestellt, wie man nichtlineare Gleichungen lösen kann. Meist werden die Gleichungen dazu umgestellt. Eine nichtlineare Gleichung wie $x^3 = 2$ für die Unbekannte x wird $x^3 - 2 = 0$ geschrieben. Bei Beispiel 2.10 wird die Gleichung $\alpha - \sin\alpha = 1$ zu $\alpha - \sin\alpha - 1 = 0$ umgestellt. Damit ist die gesuchte Unbekannte α eine *Nullstelle* der Funktion $y = y(\alpha) = \alpha - \sin\alpha - 1$. Beim Beispiel $x^3 = 2$ lautet die Funktion $y = y(x) = x^3 - 2$.

Beispiel 2.12 (Gleichung und Nullstellen). Die Gleichung für die Unbekannte t gegeben durch

$$\frac{3 \cdot \sin(4 \cdot t)}{1 + t} = 0{,}5$$

ist nicht linear. Lösungen der Gleichung sind Nullstellen der Funktion $y = y(t) = 3 \cdot \sin(4 \cdot t)/(1 + t) - 0{,}5$. Abb. 2.8 zeigt den Graph der Funktion für t zwischen 0 und 4. Aus der Abbildung geht hervor, dass die Funktion in diesem Bereich sechs Nullstellen hat. Die Gleichung hat sechs Lösungen für t zwischen 0 und 4.

Dass man mit einem Algorithmus alle Nullstellen einer Funktion $y = y(x)$ berechnen kann, ist nicht zu erwarten: So zum Beispiel, wenn die Funktion unendlich viele Nullstellen hat. Algorithmen, um Nullstellen zu berechnen, bestimmen eine Nullstelle in einem vom Benutzer definierten beschränkten Bereich. Im Gegensatz zum Algorithmus von Gauß oder der Regel von Cramer für lineare Gleichungssysteme berechnen sie Lösungen nicht direkt. Vielmehr werden Folgen von endlichen Dezimalzahlen konstruiert, deren Elemente sukzessiv die Nullstelle immer besser approximieren.

Abb. 2.8 Die Funktion
$y = y(t)$ hat sechs Nullstellen:
$t_1 \approx 0{,}1$, $t_2 \approx 0{,}8$, $t_3 \approx 1{,}7$,
$t_4 \approx 2{,}2$, $t_5 \approx 3{,}3$ und
$t_6 \approx 3{,}6$

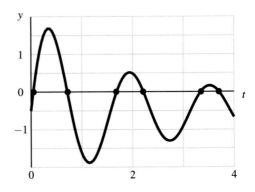

2.4 Bisektion für $y(x) = 0$ bei differenzierbarer Funktion $y = y(x)$

Die Bisektion ist ein gut kontrollierbares Verfahren, um Nullstellen von Funktionen zu bestimmen. Die Ausgangssituation dazu ist die folgende: Gegeben ist eine differenzierbare Funktion $y = y(x)$ auf dem beschränkten Intervall $a \le x \le b$. Weiter seien die Vorzeichen der Funktionswerte auf den Intervallgrenzen verschieden. Es ist also

$$y(a) \cdot y(b) < 0$$

Die Situation ist in Abb. 2.9 dargestellt. Im linken Bild hat die Funktion eine Nullstelle. Rechts besitzt die Funktion drei Nullstellen. Wegen des Vorzeichenwechsels scheint es plausibel, dass die Funktion $y = y(x)$ *mindestens* eine Nullstelle zwischen a und b hat. Der Beweis dazu folgt.

Mit der Bisektion wird versucht, eine Nullstelle einzuschachteln. Dazu wird das Intervall $[a, b]$ fortwährend halbiert. Als Startwerte wählen wir die Intervallgrenzen

$$x_1 = a \quad \text{und} \quad X_1 = b$$

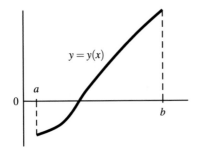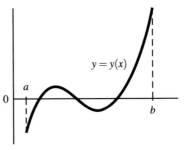

Abb. 2.9 Graphen zweier Funktionen $y = y(x)$ mit Vorzeichenwechsel in den Endpunkten a und b des Intervalls

Wir konstruieren nun zwei Folgen, die eine Nullstelle x_* der Funktion immer besser approximieren. Die erste Folge mit Elementen x_n soll sich der Nullstelle von unten annähern. Die zweite Folge mit Elementen X_n soll die Nullstelle von oben eingrenzen:

$$x_1 \leq x_2 \leq x_3 \leq \cdots \leq x_* \leq \cdots \leq X_3 \leq X_2 \leq X_1$$

Dazu halbiert man zuerst das Intervall. Die Mitte ist

$$x_{\text{Mitte}} = \frac{x_1 + X_1}{2}$$

Wenn $y(x_{\text{Mitte}}) = 0$ ist, dann haben wir eine Nullstelle gefunden. Es ist $x_* = x_{\text{Mitte}}$. Ist aber $y(x_{\text{Mitte}}) \cdot y(X_1) < 0$, dann wechselt die Funktion ihr Vorzeichen im Bereich zwischen x_{Mitte} und dem rechten Punkt X_1. Die gesuchte Nullstelle dürfte daher zwischen x_{Mitte} und X_1 liegen. Wir schachteln die Nullstelle damit wie folgt neu ein:

$$x_2 = x_{\text{Mitte}}, \qquad X_2 = X_1$$

Ist das berechnete Produkt aber größer als Null, so schachteln wir die Nullstelle im linken Teil des Intervalls ein:

$$x_2 = x_1, \qquad X_2 = x_{\text{Mitte}}$$

Dieses Verfahren wenden wir rekursiv weiter mit x_2 und X_2 an. Die neue Mitte ist $x_{\text{Mitte}} = (x_2 + X_2)/2$, usw. Abb. 2.10 visualisiert das Verfahren. Man stoppt das Verfahren, sobald der Abstand zwischen X_n und x_n kleiner als die gegebene Toleranz ist.

Damit das Verfahren mit einem Computer eingesetzt werden kann, muss zuerst garantiert werden, dass die Folge mit den Elementen $x_1, x_2, x_3, \ldots$ gegen die Nullstelle x_* der Funktion $y = y(x)$ konvergiert. Dazu zeigt man, dass benachbarte Elemente der Folge genügend schnell gegen null konvergieren. Bei jedem Rechenschritt wird das Intervall halbiert. Es gilt $X_2 - x_2 = (b-a)/2$, $X_3 - x_3 = (b-a)/2^2$, ..., also

Abb. 2.10 Bisektion: die ersten drei Iterationen

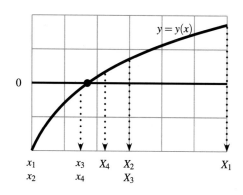

$$0 \leq \Delta_n = x_{n+1} - x_n \leq X_n - x_n = (b-a) \cdot \left(\frac{1}{2}\right)^{n-1} = \frac{b-a}{2} \cdot \left(\frac{1}{2}\right)^n$$

Benachbarte Elemente der Folge $x_1, x_2, x_3, \ldots$ nähern sich daher wie bei einer geometrischen Folge gegen null. Somit konvergieren die beiden konstruierten Folgen gemäß Theorem 2.4 linear gegen eine Zahl A. Weil die Funktion $y = y(x)$ differenzierbar ist, gilt mit der zentralen Approximationsformel

$$y(X_n) = y(x_n + \Delta_n) = y(x_n) + y'(x_n) \cdot \Delta_n + \mathcal{O}(\Delta_n^2) \qquad \text{für } \Delta_n \to 0$$

Die Differenz $y(X_n) - y(x_n)$ strebt damit gegen null, weil Δ_n gegen null strebt. Die Vorzeichen von $y(X_n)$ und $y(x_n)$ sind verschieden. Daher müssen $y(X_n)$ und $y(x_n)$ gegen Null streben. Die Zahl A ist also eine Nullstelle der Funktion. Damit ist das Folgende bewiesen:

Theorem 2.6 (*Nullstellensatz bzw. Satz von Bolzano*). *Ist die Funktion $y = y(x)$ differenzierbar und ist $y(a) \cdot y(b) < 0$, dann besitzt die Funktion $y = y(x)$ eine Nullstelle x_* zwischen a und b.*

Beispiel 2.13 (*Bisektion*). Mit der Bisektion können wir die Lösung $x_* > 0$ der Gleichung $x_*^2 = 2$ berechnen. Wir betrachten dazu die differenzierbare Funktion

$$y = y(x) = x^2 - 2$$

Die Lösung x_* ist Nullstelle von $y = y(x)$. Es ist $y(1) = -1$ und $y(2) = 2$, damit ist $y(1) \cdot y(2) < 0$. Die Nullstelle liegt deshalb zwischen eins und zwei. In Tab. 2.2 sind die Werte des Bisektion-Algorithmus mit den Startwerten $x_1 = 1$ und $X_1 = 2$ dargestellt. Wie oben erwähnt ist die Konvergenz linear. Man gewinnt jeweils nach *vier Schritten eine Dezimalstelle*.

Beispiel 2.14 (*Bisektion mit MATLAB und mit Julia*). Abb. 2.8 zeigt den Graph der Funktion

$$y = y(t) = \frac{3 \cdot \sin(4 \cdot t)}{1+t} - 0,5$$

Aus dem Graph lesen wir ab, dass die Funktion eine Nullstelle zwischen zwei und drei hat. In diesem Bereich hat die Funktion auch einen Vorzeichenwechsel. Es ist $y(2) = 0,489$ und $y(3) = -0,902$. Mit MATLAB können wir wie folgt die Bisektion anwenden. In MATLAB ist ein beschleunigtes Verfahren programmiert. Es besteht aus der Bisektion und der Sekantenmethode nach Brent und Dekker (siehe dazu [3] und das Kap. 3). Um das Verfahren anzuwenden, definieren wir in einem Funktions-File die Funktion yFunktion:

```
function y = yFunktion(t)
    y = 3*sin(4*t)/(1+t) - 0.5;
end
```

Tab. 2.2 Bisektion, um die Gleichung $x^2 - 2 = 0$ zu lösen

n	x_n	X_n
1	1,00000000000000	2,00000000000000
2	1,00000000000000	1,50000000000000
3	1,25000000000000	1,50000000000000
4	1,37500000000000	1,50000000000000
5	1,37500000000000	1,43750000000000
6	1,40625000000000	1,43750000000000
7	1,40625000000000	1,42187500000000
8	1,41406250000000	1,42187500000000
9	1,41406250000000	1,41796875000000
10	1,41406250000000	1,41601562500000
11	1,41406250000000	1,41503906250000
12	1,41406250000000	1,41455078125000
13	1,41406250000000	1,41430664062500
14	1,41418457031250	1,41430664062500
15	1,41418457031250	1,41424560546875
16	1,41418457031250	1,41421508789062
17	1,41419982910156	1,41421508789062
18	1,41420745849609	1,41421508789062

Anschließend rufen wir die Bisektion mit Startwerten 2 und 3 auf:

```
matlab> fzero(@(t) yFunktion(t), [2 3] )
    ans =
        2.2148
```

Die Nullstelle lautet $t_* = 2,2148$. Mit Julia können wir wie folgt vorgehen:

```
julia> using Roots
julia> y(t) = 3*sin(4*t)/(1+t) - 0.5
julia> find_zero(y, (2.0, 3.0), Bisection())
    2.214829308217445
```

Wir erhalten das gleiche Resultat wie mit MATLAB. MATLAB und Julia melden, dass die Methode nicht funktioniert, wenn die Funktion das gleiche Vorzeichen bei den zwei Startwerten hat.

Beispiel 2.15 (Kreissegment). Beim Beispiel 2.10 wird der Mittelpunktswinkel $0 \leq \alpha \leq \pi$ gesucht mit

$$\alpha - \sin\alpha = 1$$

Gesucht ist damit die Nullstelle der Funktion $y = y(\alpha) = \alpha - \sin\alpha - 1$. Um zu sehen, wie groß α ist, zeichnen wir mit Julia den Graph der Funktion. Dies geht wie folgt:

```
julia> using Plots
julia> y(α) = α - sin(α) - 1.0
julia> plot(y, 0, π)
```

Abb. 2.11 zeigt den Graph. Die Funktion hat eine Nullstelle in der Nähe von $\alpha = 2{,}0$. Zudem ist $y(0) < 0$ und $y(\pi) > 0$. Es liegt ein Vorzeichenwechsel vor. Mit Julia können wir damit die Bisektion anwenden:

```
julia> using Roots
julia> y(α) = α - sin(α) - 1.0
julia> find_zero(y, (0.0, π), Bisection())
    1.9345632107520243
```

Die Nullstelle (oder die Lösung der Gleichung) lautet $\alpha = 1{,}935$. Dies ist ein Winkel von $110{,}8°$.

Beispiel 2.16 (Fallschirmspringerin). Beim Beispiel 2.11 ist der Zeitpunkt t gesucht mit

$$3{,}815\,\text{m/s} \cdot t - 1{,}484\,\text{m} \cdot \left(1 - e^{-2{,}571\text{s}^{-1}\cdot t}\right) = 50\,\text{m}$$

Wir suchen damit die Nullstelle t der Funktion

$$y = y(t) = 3{,}815\,\text{m/s} \cdot t - 1{,}484\,\text{m} \cdot \left(1 - e^{-2{,}571\text{s}^{-1}\cdot t}\right) - 50\,\text{m}$$

Um t zu lokalisieren, zeichnen wir den Graph der Funktion für t zwischen $0\,\text{s}$ und $20\,\text{s}$. Mit MATLAB definieren wir zuerst die Funktion:

```
function y = fallschirm(t)
    y = 3.815*t - 1.484*(1 - exp(-2.571*t)) - 50;
end
```

Abb. 2.11 Graph der Funktion $y = y(\alpha) = \alpha - \sin\alpha - 1$

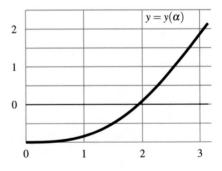

Abb. 2.12 Graph der Funktion
$y = y(t) = 3,815 \cdot t - 1,484 \cdot$
$(1 - \exp(-2,571 \cdot t)) - 50$

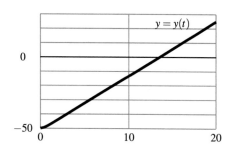

Anschließend zeichnen wir den Graph der Funktion:

```
matlab> fplot(@(t) fallschirm(t), [0 20])
matlab> grid()
```

Abb. 2.12 zeigt den Graph. Die Funktion besitzt eine Nullstelle in der Nähe von $t = 15\,\text{s}$. Zudem ist $y(0\,\text{s}) < 0$ und $y(20\,\text{s}) > 0$. Es liegt ein Vorzeichenwechsel vor. Wir können damit die Bisektion anwenden:

```
matlab> fzero(@(t) fallschirm(t), [0 20])
    ans =
        13.4952
```

Der gesuchte Zeitpunkt ist deshalb $t = 13,495\,\text{s}$. Der Graph der Funktion $y = y(t)$ gleicht einer Geraden. Für $t = 10\,\text{s}$ ist $\exp(-2,571 \cdot t) = 6,82 \cdot 10^{-12} \approx 0$. Daher ist

$$y = y(t) \approx 3,815\,\text{m/s} \cdot t - 1,484\,\text{m} \cdot (1 - 0) - 50\,\text{m} = 3,815\,\text{m/s} \cdot t - 51,484\,\text{m}$$

Die (approximative) Nullstelle von $y = y(t)$ kann man mit dieser linearen Gleichung schneller bestimmen: $t \approx 51,484\,\text{m}/(3,815\,\text{m/s}) = 13,495\,\text{s}$.

Aufgaben

2.1 Die Folge von rationalen Zahlen mit n-tem Element

$$a_n = \frac{5n + 2}{7n - 1}$$

konvergiert gegen 5/7. Beweisen Sie dies, indem Sie die Differenz zwischen a_n und 5/7 berechnen. Zeigen Sie, dass diese Differenz beliebig klein wird, sobald n nur genügend groß ist. Wie groß muss n sein, damit a_n die Zahl 5/7 auf 10^{-5} exakt lokalisiert?

2.2 Gegeben sind die folgenden n-ten Elemente von vier Folgen:

$$a_n = 1 + \frac{7}{n}, \quad b_n = \left(\frac{3}{4}\right)^n + 3, \quad c_n = \frac{3n^3 + 2n^2 - n + 1}{17n^3 + n + 100}, \quad d_n = \frac{(-1)^n}{n}$$

Bestimmen Sie, welche Folgen konvergieren. Bestimmen Sie den Grenzwert bei den konvergenten Folgen.

2.3 Jemand zahlt zu Beginn jedes Jahres 800 EUR auf ein Sparkonto. Der jährliche Zinssatz des Kontos beträgt 1,6 %. Wie groß ist der Geldbetrag auf dem Konto nach 20 Jahren? Nach wie vielen Jahren erreicht der Geldbetrag auf dem Konto einen Wert von 10 000 EUR?

2.4 Berechnen Sie die Ergebnisse der folgenden geometrischen Reihen:

$$1 + \frac{1}{3} + \frac{1}{3^2} + \frac{1}{3^3} + \frac{1}{3^4} + \cdots \qquad 1 - \frac{1}{4} + \frac{1}{4^2} - \frac{1}{4^3} + \frac{1}{4^4} - \cdots$$

$$\frac{1}{2^3} + \frac{1}{2^4} + \frac{1}{2^5} + \frac{1}{2^6} + \cdots \quad 1 + 5 + 5^2 + 5^3 + 5^4 + \cdots \quad 6^{-2} + 6^{-3} + 6^{-4} + 6^{-5} + \cdots$$

2.5 In einen See setzt eine Behörde einmal pro Monat N junge Forellen aus. 60 % der Forellen leben länger als einen Monat.

(a) Zeigen Sie, dass die Anzahl Forellen im See nach n Monaten $N + (0,6) \cdot N + (0,6)^2 \cdot N + \cdots + (0,6)^n \cdot N$ beträgt.
(b) Die Behörde will, dass langfristig 10 000 Forellen im See sind. Wie viele junge Forellen müssen dazu jeden Monat ausgesetzt werden?

2.6 Ein Unternehmen deponiert pro Woche D Kilogramm leicht radioaktives Material in einem Becken. Innerhalb einer Woche ist jeweils 80 % der Radioaktivität abgebaut.

(a) Berechnen Sie die Masse m an radioaktivem Material im Becken nach n Wochen.
(b) Wie groß ist die Masse an radioaktivem Material im Becken nach sehr langer Zeit?
(c) Im Becken dürfen maximal M Kilogramm an radioaktivem Material lagern. Wie groß darf D maximal sein?

2.7 Ein Rechteck mit Seitenlängen 10 m und 2 m wird, wie in Abb. 2.13 gezeigt, in eine graue Teilfläche F_1 und eine weiße Teilfläche F_2 zerlegt. Die Fläche F_1 ist aus unendlich vielen grauen Rechtecken mit Breiten $p^n \cdot 1$ m und Höhen $2 \cdot q^n \cdot 1$ m zusammengesetzt. Die Parameter p und q sind dabei zwei positive Zahlen kleiner eins.

Abb. 2.13 Zerlegung eines
Rechtecks in eine graue und
eine weiße Fläche

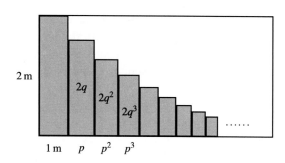

(a) Berechnen Sie die Fläche F_1 in Funktion der Parameter p und q.
(b) Bestimmen p und q so, dass die beiden Flächen F_1 und F_2 gleich groß sind und die Fläche F_1 bis zur unteren rechten Ecke des Rechtecks reicht.

2.8 Gegeben ist die Folge mit den Elementen $a_1 = 0$, $a_2 = 1$ und

$$a_3 = 1 + \frac{1}{2^3}, \quad a_4 = 1 + \frac{1}{2^3} + \frac{1}{3^3}, \quad a_5 = 1 + \frac{1}{2^3} + \frac{1}{3^3} + \frac{1}{4^3}, \quad \dots$$

(a) Berechnen Sie die Differenz $\Delta = a_{n+1} - a_n$ benachbarter Elemente der Folge.
(b) Zeigen Sie mit dem Theorem 2.5, dass die Folge konvergiert.
(c) Welches Element a_n brauchen Sie, um den Grenzwert A der Folge auf fünf Stellen nach dem Komma exakt zu berechnen?
(d) Bestimmen Sie mit einer `for`-Schleife mit MATLAB oder mit Julia das in (c) benötigte Element a_n.

2.9 Gegeben ist die Folge mit den Elementen $a_1 = 0$, $a_2 = 1$ und

$$a_3 = 1 + \frac{1}{4^5}, \quad a_4 = 1 + \frac{1}{4^5} + \frac{1}{6^5}, \quad a_5 = 1 + \frac{1}{4^5} + \frac{1}{6^5} + \frac{1}{8^5}, \quad \dots$$

(a) Berechnen Sie die Differenz $\Delta = a_{n+1} - a_n$ benachbarter Elemente der Folge.
(b) Zeigen Sie mit dem Theorem 2.5, dass die Folge konvergiert.
(c) Welches Element a_n brauchen Sie, um den Grenzwert A der Folge auf acht Stellen nach dem Komma exakt zu berechnen?
(d) Bestimmen Sie mit einer `for`-Schleife mit MATLAB oder mit Julia das in (c) benötigte Element a_n.

2.10 Zeichnen Sie mit MATLAB oder mit Julia den Graph der Funktion

$$y = y(x) = \exp(-2 \cdot x^2) - x$$

für x zwischen 0 und 2. Bestimmen aus dem Graph approximativ die Nullstelle der Funktion. Die Nullstelle kann mit der Bisektion berechnet werden. Bestimmen Sie mit einem Taschenrechner die ersten vier Iterationen x_1, x_2, x_3 und x_4, sowie X_1, X_2, X_3 und X_4 der Bisektion, wenn die Startwerte $x_0 = 0$ und $X_0 = 2$ sind.

2.11 Gesucht sind alle Lösungen der Gleichung $\cos x = 0{,}5 \cdot x$ mit x zwischen null und fünf. Dazu wird die Gleichung umgewandelt: $\cos x - 0{,}5 \cdot x = 0$. Gesucht sind damit die Nullstellen der Funktion $y = y(x) = \cos x - 0{,}5 \cdot x$ für x zwischen 0 und 5.

(a) Zeichnen Sie mit MATLAB oder mit Julia den Graph von $y = y(x)$. Lesen Sie aus dem Graph ab: Wie viele Nullstellen hat die Funktion im Bereich $0 \leq x \leq 5$?

(b) Bestimmen Sie die Nullstellen mit MATLAB oder mit Julia und mit der Bisektion.

2.12 Zeichnen Sie mit MATLAB oder mit Julia den Graph der Funktion

$$y = h(x) = \sqrt{x-1} - \frac{4}{x+1}$$

für x zwischen 1 und 5. Bestimmen aus dem Graph approximativ die Nullstelle der Funktion $y = h(x)$. Die Nullstelle kann mit der Bisektion berechnet werden. Bestimmen Sie mit einem Taschenrechner die ersten vier Iterationen x_1, x_2, x_3 und x_4, sowie X_1, X_2, X_3 und X_4 der Bisektion, wenn die Startwerte $x_0 = 1$ und $X_0 = 5$ sind.

2.13 Beim Beispiel 2.12 wurde gezeigt, dass die Gleichung

$$\frac{3 \cdot \sin(4 \cdot t)}{1+t} = 0{,}5$$

für t im Bereich zwischen 0 und 4 sechs Lösungen hat. Berechnen Sie die Lösungen mit MATLAB oder mit Julia und mit der Bisektion.

2.14 Geben Sie die Gleichung einer Funktion $y = y(x)$ an, deren Nullstellen man mit der Bisektion nicht bestimmen kann.

2.15 Die Energie E eines Verstärkers der Klasse A mit Ausgangswiderstand R und Ausgangsspannung U bei der Leistung P beträgt

$$E = \frac{U^2 R}{(P+R)^2}$$

Plotten Sie den Graph von $E(P)$ für $R = 3\,\Omega$ und $U = 4\,\text{V}$. Finden Sie mit MATLAB oder mit Julia alle Lösungen P mit $E = 1\,\text{J}$.

Abb. 2.14 Eine
Tunneldiodenschaltung

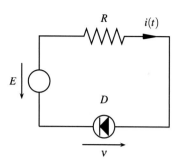

2.16 Bestimmen Sie mit MATLAB oder mit Julia und mit der Bisektion alle Lösungen x der Gleichung $x \cdot (20 + x)^2 = 1{,}57$.

2.17 Abb. 2.14 zeigt eine Tunneldiodenschaltung. Um den *Arbeitspunkt* der Schaltung zu berechnen, muss man die Spannung v bestimmen. Dazu muss man die folgende nichtlineare Gleichung lösen (siehe [4]):

$$v \cdot \left(\frac{1}{R} + \mu \gamma \right) - \mu v^2 + \alpha \cdot (e^{v/\beta} - 1) - \frac{E}{R} = 0$$

Gegeben sind $1/R = 3 \cdot 10^{-4} \, \Omega^{-1}$, $E/R = 1{,}2 \cdot 10^{-4}$ A, $\alpha = 10^{-12}$ A, $\beta^{-1} = 40$ V^{-1}, $\mu = 10^{-3}$ AV^{-2} und $\gamma = 0{,}4$ V. Bestimmen Sie die Spannung v mit MATLAB oder mit Julia und mit der Bisektion.

2.18 (a) Implementieren Sie eine MATLAB- oder eine Julia-Funktion mit Namen `bisektion(y,a,b,tol)`, die die Bisektion ausführt. Dabei bezeichnet `y` eine differenzierbare Funktion $y = y(x)$ mit $y(a) \cdot y(b) < 0$. Die Variable `tol` ist die erwünschte Genauigkeit des Resultats (z. B. `tol = 1e-7`).

(b) Überprüfen Sie Ihr Programm, indem Sie alle Nullstellen der folgenden Funktionen bestimmen:

i) $y(x) = x^2 - 1$ ii) $z(t) = \exp(t) - 10$ iii) $u(w) = w^3 - 3w^2 + 2w$

Literatur

1. Bättig, D.: Angewandte Mathematik 1 mit MATLAB und Julia. Springer, Heidelberg (2020)
2. Blatter, Ch.: Analysis 1. Springer, Berlin (1977)
3. Brent, R.: Algorithms for Minimization Without Derivatives. Prentice Hall, Englewood Cliffs (1973)
4. Quarteroni, A., Sacco, R., Saleri, F.: Numerische Mathematik 1. Springer, Berlin (2004)

5. Ross, S.M.: An Introduction to Mathematical Finance: Options and Other Topics. Cambridge University Press, Cambridge (1999)
6. Sandifer, C.E.: Euler's solution of the Basel problem – the longer story. Euler at 300, 105–117, MAA Spectrum, Math. Assoc. America, Washington, DC (2007)
7. Swokowski, E., Olinik, D., Pence, D., Cole, J.: Calculus. PWS Publishing Company, Boston (1994)
8. Wikipedia: https://de.wikipedia.org/wiki/Exponentialfunktion. Accessed: 5. June 2020

Nichtlineare Gleichungen, Minimierung und Ableitung

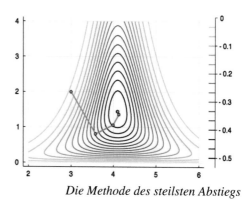

Die Methode des steilsten Abstiegs

Zusammenfassung

Um komplexere mathematische Probleme wie nichtlineare Gleichungssysteme zu lösen, werden Algorithmen benutzt, bei denen die Ableitung oder der Gradient eine Rolle spielen. Ein solches Verfahren ist der Newton-Algorithmus. Damit können Lösungen von nichtlinearen Gleichungen effizienter als mit der Bisektion berechnet werden. Eine zweites Verfahren ist die Methode des steilsten Abstiegs. Damit können sowohl nichtlineare Gleichungssysteme gelöst als auch minimale Werte einer Funktion bestimmt werden. Diese Methode ist beim maschinellen Lernen und beim Anpassen von Regressionsmodellen sehr beliebt.

© Springer-Verlag GmbH Deutschland, ein Teil von Springer Nature 2021
D. Bättig, *Angewandte Mathematik 2 mit MATLAB und Julia,*
https://doi.org/10.1007/978-3-662-62207-0_3

3.1   Fixpunkte und kontrahierende Funktionen

Mit der Bisektion kann man nichtlineare Gleichungen der Form $y(x) = 0$ lösen. Der Newton-Algorithmus ist ein weiterer Algorithmus, der derartige Gleichungen lösen kann. Er basiert auf der Fixpunktiteration, mit der Gleichungen der Form $g(x) = x$ betrachtet werden.

Im Folgenden wird die Fixpunktiteration vorgestellt. Sie basiert auf der folgenden Beobachtung: Wenn man eine Zahl in einen Rechner eintippt und dann wiederholt eine Rechenoperation auf diese Zahl anwendet, so stabilisiert sich die Zahl unter bestimmten Bedingungen. Hier ein Beispiel dazu:

Beispiel 3.1 (Wiederholt die Cosinusfunktion anwenden) Wir wenden wiederholt die Cosinus-Funktion auf die Zahl Eins an. Es ist $x_1 = \cos(1) = 0{,}54030$. Weiter ist

$$x_2 = \cos(x_1) = 0{,}85755, \quad x_3 = \cos(x_2) = 0{,}65429, \quad \dots$$

Man hat $x_{10} = \cos(x_9) = 0{,}74424$. Weiter ist $x_{20} = \cos(x_{19}) = 0{,}73918, x_{21} = \cos(x_{20}) = 0{,}73902$ und $x_{22} = \cos(x_{21}) = 0{,}73913$. Die Folge scheint gegen den Wert $x = 0{,}7391$ zu konvergieren.

Das im Beispiel vorgestellte Verfahren funktioniert wie folgt: Eine Zahl wird wiederholt als Input in eine Funktion eingegeben, bis der Output sich nicht mehr vom Input unterscheidet. Das Verfahren liefert deshalb Lösungen der Gleichung Input = Output einer Funktion. Ist $y = g(x)$ die Funktion, so ist also für die stabilisierte Zahl x:

$$g(x) = x$$

Man nennt eine solche Zahl x einen *Fixpunkt* (engl. *fixpoint*) der Funktion $y = g(x)$. Wir können einen Fixpunkt grafisch deuten. Der Fixpunkt ist die x-Koordinate des Schnittpunkts der Graphen von $y = g(x)$ und von $y = x$. Dies illustriert Abb. 3.1.

Die *Fixpunktiteration* versucht den Fixpunkt $x = g(x)$ einer Funktion $y = g(x)$ mit dem folgenden Algorithmus zu bestimmen: Wir wählen einen Startwert x_1. Das nächste Element x_2 der Folge ist $x_2 = g(x_1)$. Anschließend bestimmt man $x_3 = g(x_2)$, dann $x_4 = g(x_3)$ usw.

Abb. 3.1 Fixpunkt x_* der
Funktion $y = g(x)$

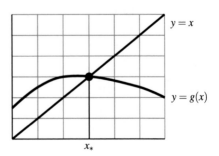

Abb. 3.2 Fixpunktiteration:
Wie man x_2 aus x_1 berechnet

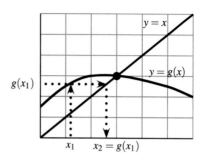

Wir stoppen das Verfahren, wenn zwei benachbarte Elemente praktisch identische Zahlen sind. Abb. 3.2 visualisiert, wie x_2 aus x_1 grafisch ermittelt wird. Man startet bei x_1 auf der x-Achse und erhält auf der y-Achse den Wert $g(x_1)$. Dieser Wert soll x_2 sein und er soll auf der x-Achse liegen. Dazu spiegelt man $g(x_1)$ an der Winkelhalbierenden $y = x$.

Es folgt ein Beispiel.

Beispiel 3.2 (Fixpunktiteration mit Konvergenz) Gegeben sei die Funktion $y = g(x) = 1/(1 + x^2)$. Abb. 3.3 zeigt den Graph der Funktion für x zwischen -1 und 2. Die Funktion hat einen Fixpunkt. Er lautet $x = 0{,}6823$, weil

$$g(0{,}6823) = \frac{1}{1 + (0{,}6823)^2} = 0{,}6823$$

Wir starten mit $x_1 = 1{,}5$. Dann ist

$$x_2 = g(x_1) = \frac{1}{1 + (1{,}5)^2} = 0{,}30769$$

Weiter ist $x_3 = g(x_2) = 1/(1 + (0{,}30769)^2) = 0{,}91351$. Das nächste Element x_4 ist $x_4 = g(x_3) = 1/(1 + (0{,}91351)^2) = 0{,}54511$. Tab. 3.1 zeigt die zwanzig ersten Elemente der Folge. Mit MATLAB können wir die zwanzig Elemente mit einer `for`-Schleife berechnen:

```
matlab> x = 1.5
matlab> for i = 1:19
            x = 1/(1+x^2)
        end
```

Mit Julia können Sie wie folgt vorgehen:

```
julia> x = 1.5
julia> for i = 1:19
           x = 1/(1+x^2)
           println(x)
       end
```

Diese Fixpunktiteration ist in Abb. 3.3 dargestellt. Die Abbildung zeigt, dass die Fixpunkti-teration gegen den Fixpunkt konvergiert. Der Grund liegt darin, dass die Funktion $y = g(x)$ eine Ableitung zwischen -1 und 1 hat. Dies illustriert die folgende Rechnung. Die Differenz Δ zweier benachbarter Elemente der Folge können wir mit dem Differenzial $\Delta g \approx g'(x) \cdot \Delta x$ berechnen (vgl. Angewandte Mathematik Bd. 1, [1]):

$$\Delta = x_{n+1} - x_n = g(x_n) - g(x_{n-1}) = \Delta g \approx g'(x) \cdot \Delta x = g'(x) \cdot (x_n - x_{n-1})$$

Aus der Graphik können wir ablesen, dass die Steigung der Funktion $y = g(x)$ für x zwischen null und eins etwa $-0,7$ ist. Daher ist

$$x_{n+1} - x_n \approx (-0,7) \cdot (x_n - x_{n-1})$$

Wir iterieren diese Gleichung:

$$x_{n+1} - x_n \approx (-0,7) \cdot (x_n - x_{n-1}) \approx (-0,7) \cdot (-0,7) \cdot (x_{n-1} - x_{n-2})$$

Also ist
$$\Delta \approx (-0,7)^{n-1} \cdot (x_2 - x_1) \approx (-0,7)^{n-1} \cdot 1,2 = -(-0,7)^n \cdot 1,7$$

Der Abstand zweier benachbarter Elemente der Folge strebt wie bei einer geometrischen Folge gegen null. Nach Theorem 2.4 konvergiert die Folge.

Abb. 3.4 zeigt, dass die Fixpunktiteration divergiert, wenn die Funktion eine Steigung größer als eins hat. Bei der obigen Rechnung entsteht für $\Delta = C \cdot r^n$ eine geometrische Folge mit $r > 1$. Man definiert:

Definition 3.1 Eine Funktion $y = g(x)$ mit Definitionsbereich alle reellen Zahlen nennt man *kontrahierend*, wenn ihre Ableitung zwischen -1 und 1 ist:

$$-1 < \frac{dg}{dx} < 1$$

Abb. 3.3 Konvergente Fixpunktiteration

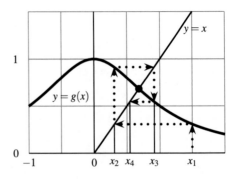

Tab. 3.1 Fixpunktiteration mit der Funktion $y = g(x) = 1/(1 + x^2)$

n	x_n
1	1,5
2	0,307692307692307
3	0,913513513513513
4	0,545105596789093
5	0,770926741851625
6	0,627223491084920
7	0,717664217128910
8	0,660047739377670
9	0,696542285538338
10	0,673323068703421
11	0,688058897197882
12	0,678690784241673
13	0,684640215595966
14	0,680859303763478
15	0,683261077877942
16	0,681734963418351
17	0,682704505884617
18	0,682088486189163
19	0,682479860161337
20	0,682231198604275

Abb. 3.4 Nicht konvergente Fixpunktiteration

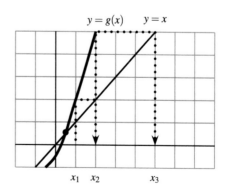

Mit dem Differenzial von $y = g(x)$ kann man zeigen:

Theorem 3.1 (**Fixpunktsatz**) *Ist die Funktion* $y = g(x)$ *kontrahierend, so hat sie* genau *einen Fixpunkt. Jede Folge, die durch die Fixpunktiteration erzeugt wird, konvergiert gegen den Fixpunkt von* $y = g(x)$. *Diese Konvergenz ist in der Regel linear.*

Einen Beweis des Theorems findet man in [7] oder in [4]. Die Fixpunktiteration hat zwei wichtige Vorteile. Da es nur eine Lösung gibt, kann man mit ihr zum einen *alle* Lösungen von $x = g(x)$ bestimmen. Zum andern kann der Startwert beliebig gewählt werden. Natürlich muss man sicherstellen – dies ist die Hauptschwierigkeit –, dass die Funktion $y = g(x)$ kontrahierend ist.

Fixpunktiterationen werden in vielen Bereichen der Naturwissenschaften benutzt. So können damit Orbitale von Molekülen berechnet werden. Bei dynamischen Systemen werden sie eingesetzt, um Differenzialgleichungen mit der Methode von Picard zu lösen. Sie können auch benutzt werden, um Nullstellen von Funktionen zu berechnen. Diese letzte Anwendung wird im nächsten Abschnitt vorgestellt.

3.2   Ein spezielles Fixpunktverfahren: Der Newton-Algorithmus

Die nichtlineare Gleichung $y(x) = 0$ kann man wie folgt in eine Fixpunktgleichung $g(x) = x$ umschreiben. Man definiert

$$g(x) = x + \alpha(x) \cdot y(x)$$

Dabei ist $\alpha(x) \neq 0$. Die Gleichung $g(x) = x$ entspricht der Gleichung $\alpha(x) \cdot y(x) = 0$. Zudem entspricht sie der Gleichung $y(x) = 0$, weil $\alpha(x) \neq 0$ ist. Wir wählen nun α so, dass die Ableitung von $g(x)$ zwischen -1 und 1 liegt. Wir wenden die Produktregel an, um die Ableitung dg/dx zu berechnen:

$$\frac{dg}{dx} = 1 + \frac{d\alpha}{dx} \cdot y(x) + \alpha(x) \cdot \frac{dy}{dx}$$

Ist x nahe bei einer Nullstelle x_* von $y = y(x)$, so ist

$$\frac{dg}{dx} \approx 1 + \frac{d\alpha}{dx} \cdot 0 + \alpha(x) \cdot \frac{dy}{dx} = 1 + \alpha(x) \cdot \frac{dy}{dx} = 1 + \alpha(x) \cdot y'(x)$$

Um sicherzugehen, dass die Ableitung von g zwischen -1 und 1 ist, wählen wir $\alpha(x)$ so, dass $dg/dx \approx 0$ wird. Dies führt zu

$$\alpha(x) = -\frac{1}{y'(x)}$$

Dabei muss $y'(x) \neq 0$ sein. Man erhält mit dieser Wahl von $\alpha(x)$ den Newton-Algorithmus:

Definition 3.2 (Newton-Algorithmus) Mit der Methode von *Newton* kann man Lösungen der nichtlinearen Gleichung $y(x) = 0$ mit einer Fixpunktiteration $g(x) = x$ bestimmen. Dabei ist

$$g(x) = x - \frac{y(x)}{y'(x)}$$

Es wird vorausgesetzt, dass im Bereich der Iteration $y'(x) \neq 0$ ist.

Beispiel 3.3 (Nullstelle mit Fixpunktiteration bestimmen) Wir versuchen, wie in Beispiel 2.13, die Lösung der Gleichung $x^2 = 2$ mit $x > 0$ zu berechnen. Gesucht ist die positive Nullstelle der Funktion

$$y = y(x) = x^2 - 2$$

In der Nähe der Nullstelle ist $y'(x) = 2x \neq 0$. Die Methode von Newton liefert die folgende kontrahierende Funktion $g(x)$:

$$g(x) = x - \frac{y(x)}{y'(x)} = x - \frac{x^2 - 2}{2x} = x - \frac{x}{2} + \frac{2}{2x} = \frac{x}{2} + \frac{1}{x}$$

Wir iterieren nun diese Funktion. Als Startwert wählen wir $x_1 = 1$. Damit erhalten wir

$$x_2 = g(x_1) = \frac{1}{2} + \frac{1}{1} = 1,5$$

und

$$x_3 = g(x_2) = \frac{1,5}{2} + \frac{1}{1,5} = 1,41666666666667$$

Die Tab. 3.2 zeigt, dass nach vier Iterationen die Nullstelle mit einer Genauigkeit von elf Stellen entsteht. Dies können wir auch mathematisch zeigen. Es ist

$$\left| x_{n+1} - \sqrt{2} \right| = \left| \frac{1}{x_n} + \frac{x_n}{2} - \sqrt{2} \right| = \left| \frac{2 + x_n^2 - 2\sqrt{2}x_n}{2x_n} \right| = \frac{(x_n - \sqrt{2})^2}{2x_n}$$

Für x_n in der Nähe von $\sqrt{2}$ haben wir damit

$$\left| x_{n+1} - \sqrt{2} \right| \approx \frac{1}{2\sqrt{2}} \cdot (x_n - \sqrt{2})^2$$

Daraus folgern wir: Sind beim n-ten Element k-Stellen nach dem Komma exakt, so sind beim nächsten Element $2 \cdot k$-Stellen exakt. Bei x_3 sind zwei Stellen genau. Daher werden wir bei x_4 vier, bei x_5 acht und bei x_6 sechzehn Stellen von $\sqrt{2}$ berechnet haben. Man sagt, dass die Konvergenz *quadratisch* ist.

Tab. 3.2 Newton-Algorithmus für die Lösung der Gleichung $x^2 - 2 = 0$ mit $x > 0$

n	x_n
0	1,00000000000000
1	1,50000000000000
2	1,41666666666667
3	1,41421568627451
4	1,41421356237469
5	1,41421356237309

Mit der zentralen Approximationsformel (vgl. Angewandte Mathematik Bd. 1, [1]) kann man zeigen, dass die Methode von Newton quadratisch konvergiert, wenn der Startwert *in der Nähe* der gesuchten Lösung liegt. Man hat das Folgende:

Theorem 3.2 (Quadratische Konvergenz des Newtonverfahrens) *Es sei x_* eine Lösung der Gleichung $y(x) = 0$. Dabei gelte $y'(x) \neq 0$ für alle x nahe bei x_*. Die Methode von Newton konvergiert* quadratisch *gegen die Lösung x_*, wenn der Startwert der Iteration genügend nahe bei x_* gewählt wird.*

In der Praxis genügt die Forderung nach $y'(x) \neq 0$ nicht. Wenn zum Beispiel $y'(x)$ sehr nahe bei null ist, können große Rundungsfehler durch die Division entstehen. Man spricht dann von der *schlechten Konditionierung* des Newton-Algorithmus. Um dies zu verhindern, wählt man *adaptive* Newton-Methoden, welche $\alpha(x) = -1/y'(x)$ je nach Größe der Ableitung von $y = y(x)$ verschieden setzen.

Man kann die Methode von Newton in Programmiersprachen implementieren. Allerdings muss die Programmiersprache in der Lage sein, Werte von Ableitungen zu berechnen. Dies garantiert das automatische Ableiten bei Julia.

Beispiel 3.4 (Methode von Newton mit Julia) Wir betrachten die Gleichung aus Beispiel 2.10. Zu berechnen ist der Mittelpunktswinkel $0 \leq \alpha \leq \pi$ mit

$$\alpha - \sin \alpha - 1 = 0$$

Aus der Abb. 2.11 sehen wir, dass die Lösung in der Nähe von 2,0 liegt. Wir starten daher die Methode von Newton mit diesem Startwert. Mit Julia erfolgt dies so:

```
julia> using Roots, ForwardDiff
julia> y(α) = α - sin(α) - 1.0
julia> ably(α) = ForwardDiff.derivative(y, float(α))
julia> find_zero((y, ably), 2.0, Roots.Newton())
   1.9345632107520243
```

Die folgenden Befehle zeigen, wie effizient die Bisektion und die Methode von Newton sind:

```
julia> @time find_zero((y, ably), 2.0, Roots.Newton())
  0.000080 seconds (12 allocations: 800 bytes)
  1.9345632107520243
julia> @time find_zero(y, (0.0, π), Bisection())
  0.000105 seconds (29 allocations: 1.500 KiB)
  1.9345632107520243
```

Die Bisektion benötigt 30 % mehr Zeit und rund doppelt so viel Speicherplatz als der Newton-Algorithmus. Mit dem Attribut `verbose = true` können Sie die Elemente α_1, α_2, ... der Iteration anzeigen lassen. Mit der Methode von Newton wird viermal iteriert. Mit der Bisektion sind 60 Iterationen nötig.

Mit MATLAB können Sie die Ableitung numerisch berechnen. Man approximiert den Differenzialquotienten dy/dx mit einem Differenzenquotienten $\Delta y/\Delta x$. Dies nennt man die *Sekantenmethode*. Sie ist im Kap. 2 erwähnt.

Beispiel 3.5 (Wie führt der Computer Divisionen aus?) Vielleicht haben Sie sich schon gefragt, wie Ihr Taschenrechner zum Beispiel die Operation 4:3 ausrechnet. Die in der Schule gelernte Methode, um 4:3 zu bestimmen, konvergiert linear. Man erhält eine Kommastelle pro Rechenschritt. Dies ist ein langsames Prozedere. Der Computer benutzt die Methode von Newton. Dies geschieht wie folgt: 4:3 ist dasselbe wie $4 \cdot (1/3)$. Der Computer kann damit eine Division ausführen, wenn er den Kehrwert $1/z$ einer Zahl z bestimmen kann. Der Kehrwert x_* ist die Nullstelle der Funktion

$$y = y(x) = \frac{1}{x} - z$$

Die Newton-Methode liefert die Fixpunktiteration $g(x) = x$ mit

$$g(x) = x - \frac{y(x)}{y'(x)} = x - \frac{1/x - z}{-1/x^2} = x + \left(\frac{1}{x} - z\right)x^2 = 2x - x^2 z$$

Mit $z = 3$ und Startwert $x_1 = 0{,}5$ erhält man schon nach sechs Iterationen den Wert von 1/3 auf 17 Stellen nach dem Komma genau: $x_2 = g(x_1) = 0{,}25$, $x_3 = g(x_2) = 0{,}3125$, $x_4 = 0{,}33203125$, $x_5 = 0{,}333328247070312$, $x_6 = 0{,}333333333255723$ und $x_7 = 0{,}333333333333333$. Mit der traditionellen Methode braucht man 17 Iterationen.

3.3   Von Nullstellen zu Minima

Die Bisektion oder die Methode von Newton erlauben es, Lösungen von nichtlinearen Gleichungen der Form $y(x) = 0$ zu berechnen. Andere Algorithmen, die im maschinellen Lernen und beim Anpassen von Regressionsmodellen benutzt werden, berechnen Minima von Funktionen. Lösungen von Gleichungen der Form $y(x) = 0$ können mit solchen Algorithmen ebenfalls bestimmt werden. Eine Lösung von $y(x) = 0$ ist nämlich ein Minimum der Funktion

$$\text{Quadr}(x) = y(x)^2$$

In der Tat ist $\text{Quadr}(x) \geq 0$. Der Minimalwert dieser Funkton ist daher null. Die Minima sind Argumente x mit $y(x) = 0$. Ist die Funktion $y = y(x)$ differenzierbar, so folgt mit der Kettenregel

$$\frac{d}{dx}\text{Quadr}(x) = 2 \cdot y(x) \cdot \frac{d}{dx}y(x)$$

Diese Ableitung wird null, wenn $y(x) = 0$ ist. Daraus ergibt sich das folgende Theorem:

Theorem 3.3 *Die Funktion $y = y(x)$ sei differenzierbar und für alle reellen Zahlen x definiert. Die Zahl x ist genau dann eine Lösung der nichtlinearen Gleichung $y(x) = 0$, wenn x ein Minimum sowie ein kritischer Punkt der Funktion $\text{Quadr}(x) = y(x)^2$ ist.*

Hier zwei Beispiele dazu:

Beispiel 3.6 (Kreissegment) Wir betrachten die Gleichung beim Beispiel 2.10. Zu berechnen ist der Mittelpunktswinkel $0 \leq \alpha \leq \pi$ mit

$$y(\alpha) = \alpha - \sin\alpha - 1 = 0$$

Abb. 3.5 zeigt die Graphen von $y = y(\alpha)$ – als schwarze – und von $\text{Quadr}(\alpha) = y(\alpha)^2 = (\alpha - \sin\alpha - 1)^2$ – als graue Linie –. Die Nullstelle von $y = y(\alpha)$ ist das Minimum sowie ein kritischer Punkt von $y = \text{Quadr}(\alpha)$.

Beispiel 3.7 (Nullstellen und Minimum) Die nichtlineare Gleichung für die Unbekannte t aus Beispiel 2.12

$$y(t) = \frac{3 \cdot \sin(4 \cdot t)}{1 + t} - 0,5 = 0$$

hat nach Abb. 2.8 sechs Lösungen für t zwischen 0 und 4. Abb. 3.6 zeigt die Graphen von $y = y(t)$ und $y = \text{Quadr}(t) = y(t)^2$. Die sechs Nullstellen von $y = y(t)$ sind die Minima von $y = \text{Quadr}(t)$. Die Minima sind auch kritische Punkte.

Abb. 3.5 Graphen der
Funktionen
$y = y(\alpha) = \alpha - \sin\alpha - 1$
(schwarze Linie) und
$y = \text{Quadr}(\alpha) = y(\alpha)^2$

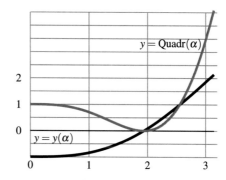

Abb. 3.6 Graphen der
Funktionen $y = y(t)$ (schwarze
Linie) und $y = y(t)^2$

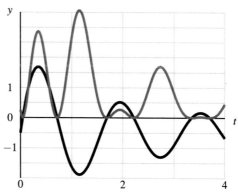

Es ist schwierig, Lösungen von nichtlinearen Gleichungssystemen zu berechnen. Ein Zwischenschritt ist der folgende: Man wandelt das System so um, dass das Minimum einer Funktion bestimmt wird. Hier ein Beispiel dazu:

Beispiel 3.8 (Streusalz auf Straßen) Um Glatteis auf Verkehrswegen zu verhindern, werden Straßen gesalzen. Damit sinkt die Gefriertemperatur bis auf $-21\,°\mathrm{C}$. Das auf der Straße liegende Salz wird abgetragen, wenn das Verkehrsaufkommen hoch ist. In Versuchen auf Straßen von Vimmerby und Klockrike wurde untersucht, wie die Salzmenge R pro m^2 in Funktion des Verkehrsaufkommens V abnimmt. Tab. 3.3 zeigt vier Messwerte aus [3] für Klockrike: Die Beziehung zwischen der Restsalzmenge R auf der Straße und dem Verkehrsaufkommen V lautet:

$$R = S \cdot e^{-k \cdot V} \quad \text{bzw.} \quad R - S \cdot e^{-k \cdot V} = 0$$

Dabei sind S und k unbekannte Parameter. Um sie zu bestimmen, setzen wir die Messwerte in die obige Gleichung ein. Wir erhalten das folgende nichtlineare Gleichungssystem:

$$9{,}5 - S \cdot \exp\{-k \cdot 0{,}05\}) = 0 \quad 3{,}3 - S \cdot \exp\{-k \cdot 0{,}60\}) = 0$$
$$5{,}7 - S \cdot \exp\{-k \cdot 0{,}34\}) = 0 \quad 2{,}0 - S \cdot \exp\{-k \cdot 0{,}89\}) = 0$$

Tab. 3.3 Salzmenge R pro m^2 und Verkehrsaufkommen (aus [3])

V (in 10 000 Wagen/h)	0,05	0,34	0,60	0,89
R (in g/m^2)	9,5	5,7	3,3	2,0

Da es mehr Gleichungen als Unbekannte hat, ist das Gleichungssystem überbestimmt. Wir können S und k so bestimmen, dass die aufsummierten quadratischen Terme links des Gleichheitszeichens minimal werden. Die Funktion $z = \text{Quad}(S, k)$ mit

$$\text{Quad}(S, k) = \big[9,5 - S \cdot \exp\{-k \cdot 0,05\})\big]^2 + \big[5,7 - S \cdot \exp\{-k \cdot 0,34\})\big]^2 +$$
$$\big[3,3 - S \cdot \exp\{-k \cdot 0,60\})\big]^2 + \big[2,0 - S \cdot \exp\{-k \cdot 0,89\})\big]^2$$

soll damit minimiert werden. Es wird also die *Methode der kleinsten Quadrate* (vgl. Angewandte Mathematik Bd. 1, [1]) benutzt (Tab. 3.3).

3.4   Gradient und zentrale Approximationsformel

Man kann Lösungen von nichtlinearen Gleichungen und Gleichungssystemen bestimmen, indem man sie so umwandelt, dass eine Funktion minimiert werden muss. Oft ist das Minimum ein kritischer Punkt der Funktion. Im folgenden Abschnitt wird ein Algorithmus vorgestellt, der kritische Punkte berechnet, die auch Minima sind. Er wird *Methode des steilsten Abstiegs genannt.* Diese Methode basiert auf der zentralen Approximationsformel für Funktionen, die von mehreren Variablen abhängen. Im Kap. 9 aus Angewandte Mathematik Bd. 1 (siehe [1]) werden Funktionen $y = y(\mathbf{x}) = y(x_1, x_2, \ldots, x_d)$ betrachtet, die von mehreren Variablen abhängen. Dabei wird der Gradient ∇y definiert. Dies ist der Vektor mit den Komponenten $\partial y / \partial x_1$, $\partial y / \partial x_2$, ... und $\partial y / \partial x_d$.

Um das Minimum von Funktionen zu finden, können Wertetabellen erstellt werden. Bei Funktionen, die von vielen Variablen abhängen, führt dies zu Listen, bei denen das Minimum nicht effizient bestimmt werden kann. Mit der Methode des steilsten Abstiegs wird dies verhindert. Um die zentrale Approximationsformel für solche Funktionen vorzustellen, betrachten wir ein Beispiel:

Beispiel 3.9 (Fläche eines Rechtecks) Das Produkt der Seiten a und b eines Rechtecks bildet die Fläche $F = F(a, b) = a \cdot b$. Man hat

$$F(a + \Delta a, b + \Delta b) = (a + \Delta a) \cdot (b + \Delta b) = a \cdot b + b \cdot \Delta a + a \cdot \Delta b + \Delta a \cdot \Delta b$$

Somit erhalten wir die folgende Approximation, wenn Δa und Δb nahe bei null sind:

$$F(a + \Delta a, b + \Delta b) \approx F(a, b) + b \cdot \Delta a + a \cdot \Delta b = F(a, b) + \begin{pmatrix} b \\ a \end{pmatrix}^T \cdot \begin{pmatrix} \Delta a \\ \Delta b \end{pmatrix}$$

Der Term rechts des Gleichheitszeichens ist eine affine Funktion mit einem linearen Term in Δa und Δb. Der Vektor mit den Komponenten b und a ist der Gradient ∇F von $F = F(a, b)$. Der zweite Summand ganz rechts ist ein Skalarprodukt. Der Fehler der Approximation ist $\Delta a \cdot \Delta b$. Man kann ihn wie folgt abschätzen. Es ist $(\Delta a)^2 - 2 \cdot \Delta a \cdot \Delta b + (\Delta b)^2 = (\Delta a - \Delta b)^2 \geq 0$. Daher ist

$$\left\| \begin{pmatrix} \Delta a \\ \Delta b \end{pmatrix} \right\|^2 = (\Delta a)^2 + (\Delta b)^2 \geq 2 \cdot \Delta a \cdot \Delta b \geq \Delta a \cdot \Delta b$$

Der Fehler ist also höchstens so groß wie die Norm im Quadrat $\| \dots \|^2$ des absoluten Fehlervektors mit Komponenten Δa und Δb.

Das obige Beispiel illustriert die folgende Definition:

Definition 3.3 (Zentrale Approximationsformel und Gradient) Eine Funktion $y = y(\mathbf{x})$, die vom Vektor $\mathbf{x}$ mit d Komponenten $x_1, x_2, \dots, x_d$ abhängt und reelle Werte y hat, nennt man im Punkt $\mathbf{x}_*$ differenzierbar, wenn

$$y(\mathbf{x}_* + \Delta\mathbf{x}) = y(\mathbf{x}_*) + \nabla y(\mathbf{x}_*)^T \cdot \Delta\mathbf{x} + \text{Fehler} \tag{3.1}$$

ist. Dabei darf der Fehler höchstens $C \cdot \|\Delta\mathbf{x}\|^2$ sein, wenn $\|\Delta\mathbf{x}\|$ nahe bei null ist.

Man nennt die ersten beiden Summanden rechts des Gleichheitszeichens die *Linearisierung* $L(\mathbf{x})$ von $y = y(\mathbf{x})$ mit Stützstelle $\mathbf{x}_*$. Das Skalarprodukt $\nabla y(\mathbf{x})^T \cdot d\mathbf{x}$ nennt man das *totale Differenzial* $dy(\mathbf{x})$ von $y = y(\mathbf{x})$.

Die Gl. (3.1) kann man für eine Funktion $y = y(x)$, die von nur einer Variablen x abhängt, anwenden. Man erhält:

$$y(x_* + \Delta x) = y(x_*) + y(x_*)' \cdot \Delta x + \text{Fehler}$$

Dies ist die zentrale Approximationsformel aus Angewandte Mathematik Bd. 1 ([1]).

3.5 Das Minimum finden: die Methode des steilsten Abstiegs

Die Methode des *steilsten Abstiegs* oder die *Gradientenmethode* (engl. *steepest descent* oder *gradient descent method*), um das Minimum einer Funktion zu berechnen, wurde vom Mathematiker Cauchy 1847 in [6] publiziert. Vorausgesetzt wird, dass die Funktion differenzierbar ist. Zudem sollte das Minimum ein kritischer Punkt sein. In der Abb. 3.7 hat

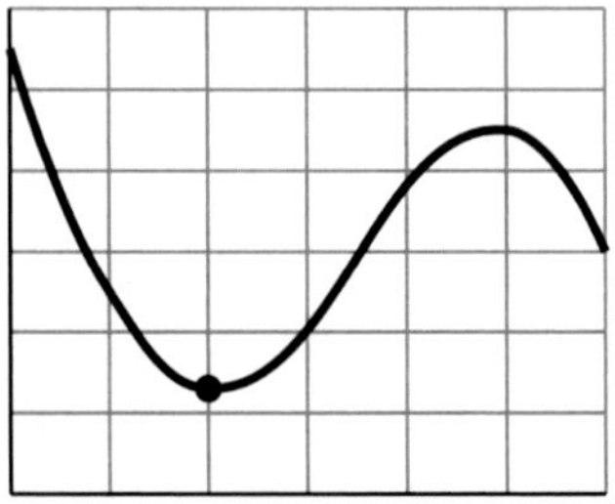

Abb. 3.7 Das Minimum der
Funktion $y = y(x)$ ist ein
kritischer Punkt

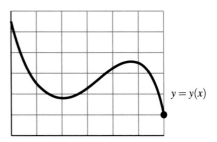

$y = y(x)$

Abb. 3.8 Das Minimum der
Funktion $y = y(x)$ ist kein
kritischer Punkt

$y = y(x)$

die Funktion ein Minimum, das ein kritischer Punkt ist. In Abb. 3.8 ist das Minimum nicht kritisch. Die Methode des steilsten Abstiegs wird im zweiten Fall kaum angewendet.

Im Folgenden wird die Methode vorgestellt. Illustriert wird sie zuerst an der Funktion $y = y(x) = x^2 + 2$ mit x zwischen -1 und 4. Das Minimum $x_{min} = 0$ soll auf eine Stelle nach dem Komma berechnet werden. Wir starten mit einem approximativen Punkt $x_1 = 3$. Wir linearisieren nun die Funktion in diesem Punkt. Um eine bessere Approximation für das Minimum zu erhalten, folgen wir der Linearisierung ein Stück der Länge δ nach *unten* und erhalten einen Punkt x_2. Abb. 3.9 visualisiert dies. Die Strecke δ wählen wir proportional zur Steigung $y'(x)$. Der Proportionalitätsfaktor sei $-\varepsilon$. Wir erhalten

$$x_2 = x_1 + \delta = x_1 - \varepsilon \cdot y'(x_1) = x_1 - \varepsilon \cdot 2x_1 = 3 - \varepsilon \cdot 6$$

Wir wählen $\varepsilon = 0{,}2$. Damit wird $x_2 = 1{,}8$. Wir iterieren das Verfahren:

$$x_3 = x_2 - \varepsilon \cdot y'(x_2) = x_2 - \varepsilon \cdot 2x_2 = 1{,}8 - \varepsilon \cdot 3{,}6 = 1{,}08$$

In analoger Weise erhalten wir $x_4 = x_3 - \varepsilon \cdot y'(x_3) = 0{,}648$. Die entstandenen Werte sind in Abb. 3.10 dargestellt. Weiter sind $x_5 = x_4 - \varepsilon \cdot y'(x_4) = 0{,}3888$ und $x_6 = x_5 - \varepsilon \cdot y'(x_5) = 0{,}233$. Wir brechen das Verfahren ab, falls zwei aufeinanderfolgende x_n beinahe identisch werden. Dies wird stattfinden, weil das Minimum ein kritischer Punkt ist. Es ist nämlich, wenn ε klein ist

$$x_{n+1} = x_n - \varepsilon \cdot y'(x_n) = x_n - \text{kleine Zahl} \ \cdot \ \text{kleine Zahl} \approx x_n$$

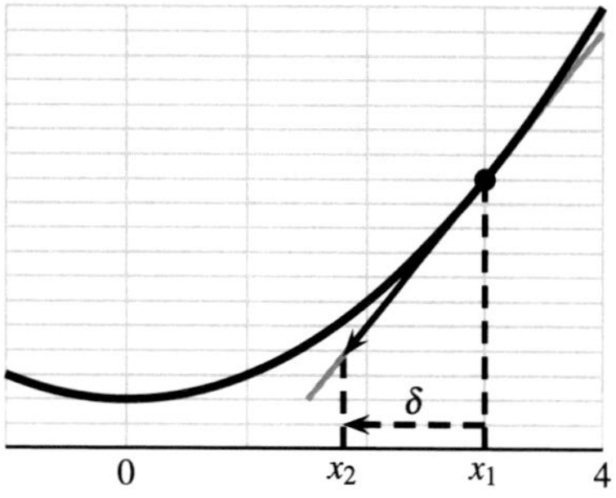

Abb. 3.9 Erster Schritt bei der
Methode des steilsten Abstiegs

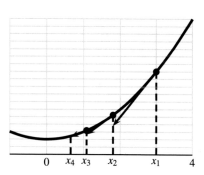

Abb. 3.10 Weitere Schritte der
Methode des steilsten Abstiegs
mit Schrittweite $\varepsilon = 0,2$

Das Element $x_{13} = 0,0065$ unterscheidet sich vom Element x_{12} nur um 0,1. Wir brechen
die Iteration folglich ab.

Wir verallgemeinern das obige Verfahren jetzt für eine reellwertige Funktion $y = y(\mathbf{x})$,
die von mehreren Variablen abhängt. Dazu benutzen wir die zentrale Approximationsformel (3.1). Ist δ ein Vektor nahe bei null, so ist

$$y(\mathbf{x} + \delta) \approx y(\mathbf{x}) + \nabla y(\mathbf{x})^T \cdot \delta = y(\mathbf{x}) + \frac{\partial y}{\partial x_1} \cdot \delta_1 + \frac{\partial y}{\partial x_2} \cdot \delta_2 + \cdots + \frac{\partial y}{\partial x_d} \cdot \delta_d$$

Wir wählen analog wie im obigen Beispiel

$$\delta_1 = -\varepsilon \cdot \frac{\partial y}{\partial x_1}, \quad \delta_2 = -\varepsilon \cdot \frac{\partial y}{\partial x_2}, \quad \ldots, \quad \delta_d = -\varepsilon \cdot \frac{\partial y}{\partial x_d}$$

Damit ist

$$y(\mathbf{x} + \delta) \approx y(\mathbf{x}) - \varepsilon \cdot \left(\frac{\partial y}{\partial x_1}\right)^2 - \varepsilon \cdot \left(\frac{\partial y}{\partial x_2}\right)^2 - \cdots - \varepsilon \cdot \left(\frac{\partial y}{\partial x_d}\right)^2$$

Ist $\varepsilon > 0$, so wird der Wert $y(\mathbf{x} + \delta)$ der Funktion deshalb kleiner, wenn wir von $\mathbf{x}$ dem
Vektor $\delta = -\varepsilon \cdot \nabla y(\mathbf{x})$ folgen. So entsteht die Methode des steilsten Abstiegs:

Definition 3.4 (Methode des steilsten Abstiegs oder Gradienten-Methode) Gegeben ist eine Funktion $y = y(\mathbf{x})$ mit reellen Werten y, die von mehreren Variablen abhängt. Die Methode des steilsten Abstiegs ist das iterative Verfahren

$$\mathbf{x}_{n+1} = \mathbf{x}_n - \varepsilon \cdot \nabla y(\mathbf{x}_n)$$

Die Variable $\varepsilon > 0$ nennt man die *Schrittweite* des Verfahrens. Die Iteration wird gestoppt, sobald zwei aufeinanderfolgende Elemente $\mathbf{x}_n$ beinahe identisch werden.

Um dieses Verfahren mit dem Computer zu benutzen, muss man garantieren, dass es konvergiert. Dazu muss beispielsweise die Schrittweite ε geschickt gewählt sein. Abgesehen von extremen Fällen, kann man dann zeigen, dass die Gradienten-Methode gegen einen kritischen Punkt der Funktion konvergiert. Die Präzision der Methode ist oft $\mathcal{O}(1/n)$ für $n \to \infty$. Einen Beweis zu diesen Aussagen findet man etwa in [7].

Illustriert wird die Konvergenz der Methode des steilsten Abstiegs an zwei Beispielen:

Beispiel 3.10 (Konvergenz der steilsten Abstiegs) Gegeben sei wiederum die Funktion $y = y(x) = x^2 + 2$. Die Methode des steilsten Abstiegs liefert die Iteration

$$x_{n+1} = x_n - \varepsilon \cdot y'(x_n) = x_n - \varepsilon \cdot 2x_n = (1 - 2\varepsilon) \cdot x_n$$

Damit ist $x_{n+1} = (1 - 2\varepsilon) \cdot (1 - 2\varepsilon) \cdot x_{n-1} = (1 - 2\varepsilon)^2 \cdot x_{n-1}$. Ist $x_1 = 3$ der Startwert, so erhalten wir

$$x_{n+1} = (1 - 2\varepsilon)^n \cdot x_1 = (1 - 2\varepsilon)^n \cdot 3$$

Ist $\varepsilon = 0{,}2$, so nähern sich die Zahlen

$$(1 - 2\varepsilon)^1 \cdot 3 = 0{,}6 \cdot 3, \quad (1 - 2\varepsilon)^2 \cdot 3 = 0{,}6^2 \cdot 3, \quad (1 - 2\varepsilon)^3 \cdot 3 = 0{,}6^3 \cdot 3, \quad \ldots$$

der Zahl Null. Es ist $0{,}6^5 = 0{,}0778$. Nach jeweils fünf Iterationen gewinnen wir daher eine Kommastelle in der Präzision. Damit ist die Präzision des Verfahrens hier proportional zu $5/n$.

Wählt man die Schrittweite zu groß, wird das Minimum verfehlt. Ist etwa $\varepsilon = 1$, so wird $(1 - 2\varepsilon)^n = (-1)^n$. Wir erhalten $x_2 = -3$, $x_3 = 3$, $x_4 = -3$, usw. Man pendelt um das gesuchte Minimum.

Beispiel 3.11 (Lokales Minimum) Abb. 3.11 zeigt den Graph der Funktion

$$y = P(x) = 10 - 53 \cdot x + 90 \cdot x^2 - 43 \cdot x^3 + 6 \cdot x^4 + 0{,}1 \cdot x^5$$

für x zwischen $-0{,}2$ und $3{,}5$. Das Minimum der Funktion ist $x = 0{,}4$. Der Minimalwert ist $y = 0{,}603$. Wählt man bei der Methode des steilsten Abstieges als Startpunkt $x_1 = 2$, so wird man das Minimum nicht finden. Dies zeigt Abb. 3.12 mit einer Schrittweite von

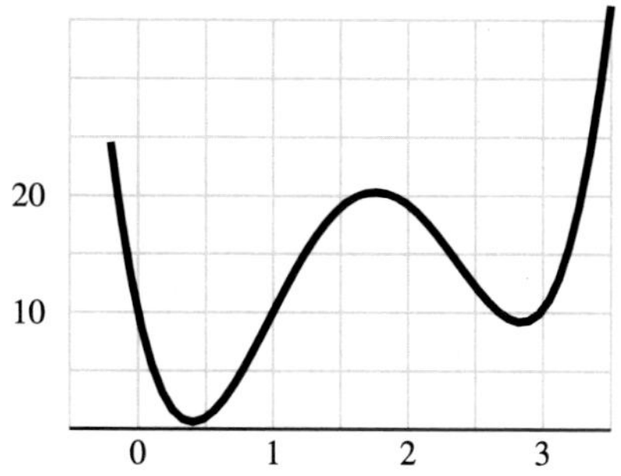

Abb. 3.11 Graph der Funktion
$y = P(x)$

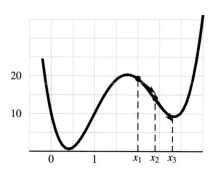

Abb. 3.12 Methode des
steilsten Abstiegs: Der
Startpunkt $x_1 = 2$ führt zum
lokalem Minimum $x = 2,84$

$\varepsilon = 0,05$. Mit der Iteration erhält man den Punkt $x = 2,84$. Dies ist ein kritischer Punkt der
Funktion. Es ist aber nur ein *lokales* Minimum der Funktion.

Um das Minimum zu finden, muss der Startwert x_1 näher am Minimum gewählt werden.
So ist hier $x_1 = 1,2$ eine gute Wahl. Die Methode des steilsten Abstiegs garantiert also
nicht, dass man das (globale) Minimum einer Funktion findet.

Der Algorithmus des steilsten Abstiegs ist mit MATLAB oder mit Julia aufrufbar. Die
Programme iterieren dabei mit einer variablen Schrittweite, die von **x** abhängt. Diese hängt
davon ab, wie gekrümmt der Graph der Funktion ist. Man spricht von der *Gradienten-
Methode nach Newton* (siehe [7]). Es ist auch möglich, das Verfahren zu beschleunigen.
Damit erhält man eine Präzision, die schneller als $\mathcal{O}(1/n)$ für $n \to \infty$ geht. Eine Übersicht
findet man dazu in [7] oder [8].

Wie die Methode des steilsten Abstiegs mit MATLAB und mit Julia aufgerufen wird,
zeigen die folgenden Beispiele:

Beispiel 3.12 (Gradienten-Methode mit MATLAB und Julia) In der Statistik und in der
künstlichen Intellige müssen Maxima von sogenannten Likelihood-Funktionen bestimmt
werden (siehe [2]). Die Funktion

$$z = \text{likelihood}(\mu, \tau) = \tau \cdot \exp\left\{-\tau \cdot (17{,}5 - 8{,}2\mu + \mu^2)\right\}$$

ist eine solche Funktion. Dabei sind hier μ zwischen 2 und 6 und τ zwischen 0 und 4. Das Maximum von z ist gleich dem Minimum von $-z$. Abb. 3.13 zeigt den Graph der Funktion $z = \text{minli}(\mu, \tau) = -\text{likelihood}(\mu, \tau)$. Mit Julia können Sie ihn wie folgt erstellen (vgl. Angewandte Mathematik Bd. 1, [1]):

```julia
julia> using Plots
julia> minli(μ, τ) = - τ*exp(-τ*(17.5-8.2*μ +μ^2))
julia> μ = 2:0.02:6; τ = 0:0.02:4
julia> surface(μ, τ, minli)
```

In Abb. 3.14 sind die Niveaulinien der Funktion dargestellt. Mit Julia können Sie sie wie folgt zeichnen:

```julia
julia> contour(μ, τ, minli)
```

Die beiden Abbildungen zeigen, dass das Minimum bei $\mu \approx 4$ und $\tau \approx 1{,}5$ liegt. Das Minimum ist ein kritischer Punkt.

Um das Minimum mit Julia zu berechnen, definieren wir zuerst die Funktion. Das Argument der Funktion fassen wir in einem Vektor x mit Komponenten $\mu = x[1]$ und $\tau = x[2]$ zusammen:

Abb. 3.13 Graph der negativen Likelihood-Funktion $z = \text{minli}(\mu, \sigma)$

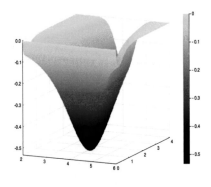

Abb. 3.14 Niveaulinien von $z = \text{minli}(\mu, \sigma)$

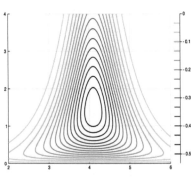

```
julia> minli(x) =
-x[2]*exp(-x[2]*(17.5-8.2*x[1]+x[1]^2))
```

Mit Julia wird der Gradient der Funktion durch Automatisches Ableiten bestimmt. Wir wählen den Startwert $\mu = 3$ und $\tau = 2$. Den Algorithmus können wir nun folgt aufrufen:

```
julia> using Optim
julia> rechnung = optimize(minli,[3.0; 2.0],
                  Newton(); autodiff = :forward)
julia> Optim.minimizer(rechnung)
   2-element Array{Float64,1}:
   4.0999999999910175
   1.4492753622968135
```

Das Minimum ist also bei $\mu = 4{,}100$ und $\tau = 1{,}449$. Abb. 3.15 zeigt die ersten fünf iterierten Punkte.

Mit MATLAB können wir wie folgt vorgehen: Zuerst programmieren wir die Funktion. Das Argument der Funktion fassen wir wiederum in einem Vektor x mit Komponenten μ und τ zusammen:

```
function z = minli(x)
    z = -x(2)*exp(-x(2)*(17.5 - 8.2*x(1) + x(1)^2));
end
```

Mit MATLAB wird der Gradient approximativ mit Differenzenquotienten berechnet. Der Startwert sei wiederum $\mu = 3$ und $\tau = 2$. Den Algorithmus können wir wie folgt aufrufen:

```
matlab>   fminunc(@(x) minli(x), [3; 2])
    ans =
        4.1000
        1.4493
```

Abb. 3.15 Die ersten fünf Iterationen mit der Methode des steilsten Abstiegs

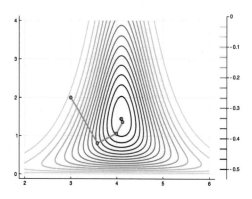

Der Algorithmus in MATLAB kann effizienter und schneller gemacht werden, wenn man auch den Gradienten ∇z der Funktion implementiert. Dazu müssen Sie ein Funktions-File programmieren, das die Werte der Funktion und des Gradienten berechnet. Sie finden dazu Anleitungen in der Hilfsfunktion von MATLAB.

Beispiel 3.13 (Streusalz auf Straßen) Beim Beispiel 3.8 zur Methode der kleinsten Quadrate ist das Minimum der Funktion $z = \mathrm{Quad}(S, k)$ gesucht. Die Funktion lautet:

$$\mathrm{Quad}(S, k) = \big[9{,}5 - S \cdot \exp\{-k \cdot 0{,}05\})\big]^2 + \big[5{,}7 - S \cdot \exp\{-k \cdot 0{,}34\})\big]^2 +$$
$$\big[3{,}3 - S \cdot \exp\{-k \cdot 0{,}60\})\big]^2 + \big[2{,}0 - S \cdot \exp\{-k \cdot 0{,}89\})\big]^2$$

Abb. 3.16 und 3.17 zeigen den Graph der Funktion und ihre Niveaulinien. Die Abbildungen zeigen, dass das Minimum bei etwa $S = 10{,}5$ und $k = 1{,}5$ liegt. Das Minimum ist ein kritischer Punkt. Wir wählen für die Gradientenmethode die Werte $S = 9$ und $k = 2$ als Startwerte. Mit MATLAB oder mit Julia erhält man das folgende Minimum:

```
julia> Optim.minimizer(rechnung)
   2-element Array{Float64,1}:
```

Abb. 3.16 Graph von
$z = \mathrm{Quadr}(S, k)$

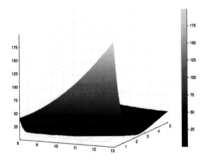

Abb. 3.17 Niveaulinien von
$z = \mathrm{Quadr}(S, k)$

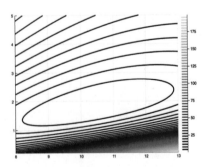

Abb. 3.18 Mit der Methode der kleinsten Quadrate ermittelte Salzmenge R in Funktion des Verkehrsaufkommens V

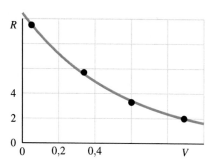

```
10.469403965575061
 1.862258866446228
```

Die Kleinste-Quadrate-Lösung des überbestimmten, nichtlinearen Gleichungssystems ist damit $S = 10{,}47$ und $k = 1{,}86$. Abb. 3.18 zeigt den Graph des berechneten Modells $R = S \cdot \exp(-k \cdot V)$ für die Salzmenge auf der Straße und die vier gemessenen Punkte.

Aufgaben

3.1

(a) Schreiben Sie die folgenden Fixpunktprobleme auf drei verschiedene Arten als Nullstellensuche

$$\frac{x^3 - 1}{x + 2} = x \qquad x^5 - x^3 + 4 = x$$

(b) Schreiben Sie das folgende Nullstellenproblem auf drei verschiedene Arten als Fixpunktproblem:

$$x^3 - \frac{2}{x} = 0$$

3.2 Zeigen Sie, dass die Funktion $y = g(x) = \exp(-x^2)$ kontrahierend ist. Berechnen Sie dazu die Ableitung $y = g'(x)$ und zeichnen Sie ihren Graph. Bestimmen Sie anschließend mit einem Taschenrechner und dem Fixpunktalgorithmus die Lösung der Gleichung $g(x) = x$. Ermitteln Sie den Fixpunkt von $y = g(x)$ auch grafisch.

3.3 Gegeben ist das folgende Fixpunktproblem für die Unbekannte x:

$$\frac{157}{(20 + 2x)^2} = x$$

Man kann zeigen, dass die Funktion $g(x) = 1.57/(20 + 2x)^2$ für $x > 0$ eine Kontraktion ist. Daher besitzt die obige Gleichung eine Lösung $x_* > 0$, die mit dem Fixpunkt-Algorithmus berechnet werden kann. Berechnen Sie die ersten vier Iterationen x_1, x_2, x_3 und x_4 des Algorithmus, wenn der Startwert $x_1 = 1$ ist. Wie lautet die Lösung der Gleichung ungefähr?

3.4

(a) Implementieren Sie mit einer MATLAB- oder mit einer Julia-Funktion mit Aufruf `fixpunkt(g,x0,tol)` den Fixpunkt-Algorithmus. Dabei bezeichnet g eine kontrahierende Funktion und x0 einen Startwert der Iteration. Die Variable `tol` ist die erwünschte Genauigkeit des Resultats (z. B. `tol = 1e-7`). *Tipp:* Benutzen Sie eine `while`-Schleife.

(b) Die Funktion $g(x) = 1/(1+x^2)$ ist kontrahierend. Überprüfen Sie dies grafisch, indem Sie die Ableitung dg/dx plotten. Bestimmen Sie die Lösung der Gleichung $1/(1+x^2) = x$ mit Ihrem Fixpunktprogramm.

3.5 Bestimmen Sie mit dem Newton-Verfahren die Lösung x der Gleichung $x^3 - 4 = 0$. Führen Sie das Verfahren mit einem Taschenrechner durch. Wählen Sie als Startwert $x = 4$. Wie viele Iterationen müssen Sie durchführen, bis Sie die Lösung auf vier Stellen nach dem Komma genau haben?

3.6 Bestimmen Sie mit MATLAB oder mit Julia und dem Newton-Verfahren alle Lösungen x der Gleichung $x \cdot (20 + x)^2 = 1{,}57$.

3.7 Zeichnen Sie mit MATLAB oder mit Julia den Graph der Funktion $y = y(t) = 3 \cdot e^{-0,5t} \cdot \sin(2 \cdot t + 3)$ für t zwischen 0 und 10. Wie viele Nullstellen hat die Funktion für t zwischen 0 und 10? Zeichnen Sie den Graph der Funktion $y = \text{quadr}(t) = y(t)^2$. Überprüfen Sie mit dem Graph: Die Minima dieser Funktion sind gleich den Nullstellen der Funktion $y = y(t)$.

3.8 Berechnen Sie ohne Computer den Gradienten der Funktion $z = z(a, b) = a^2 \cdot \sin b + \cos(a + b^2)$. Überprüfen Sie Ihr Resultat mit dem Taschenrechner.

3.9 Gegeben ist die Funktion $y = y(t) = t \cdot \sin t$ für t zwischen 3 und 6.

(a) Zeichnen Sie mit MATLAB oder mit Julia den Graph der Funktion $y = y(t)$.

(b) Ist das Minimum von $y = y(t)$ ein kritischer Punkt?

(c) Berechnen Sie mit der Gradientenmethode und mit einem Taschenrechner das Minimum der Funktion. Wählen Sie als Startpunkt $t = 4$ und die Schrittweite $\varepsilon = 0{,}2$. Konvergiert die Methode gegen das Minimum?

(d) Was passiert, wenn Sie die Schrittweite $\varepsilon = 0{,}5$ wählen?

3.10 Betrachtet wird die Funktion $H = H(x, y) = 4 + 5 \cdot x^2 - 4 \cdot x - 2 \cdot x \cdot y + 3 \cdot y^2$ für x zwischen -3 und 3 und y zwischen -4 und 4.

(a) Zeichnen Sie mit MATLAB oder mit Julia den Graph von $H = H(x, y)$. Zeichnen Sie auch die Niveaulinien. Lesen Sie aus den Grafiken ab, wo sich das Minimum von H etwa befindet. Ist das Minimum ein kritischer Punkt?

(b) Wenn das Minimum von H ein kritischer Punkt ist, bestimmen Sie es mit MATLAB oder mit Julia und der Gradientenmethode.

3.11 Eine Person befindet sich auf einem See 2 km westlich von einer Insel. Die Insel ist 10 km lang und 1 km breit. Die Person möchte ein Haus auf einer zweiten Insel erreichen, das 2 km östlich der Insel ist. Dazu schwimmt sie zur Insel mit einer Geschwindigkeit von 3 km/h. Dann läuft sie zum östlichen Strand mit einer Geschwindigkeit von 8 km/h. Anschließend schwimmt sie zum Haus mit einer Geschwindigkeit von 2 km/h. Abb. 3.19 zeigt die Situation.

(a) Bestimmen Sie die von der Person benötigte Zeit $T = T(x, y)$ in Funktion der in der Abbildung gezeigten Strandpositionen x und y.

(b) Zeichnen Sie mit MATLAB oder mit Julia den Graph von $T = T(x, y)$. Zeichnen Sie auch die Niveaulinien von $T = T(x, y)$. Können Sie das Minimum und den minimalen Wert von $T = T(x, y)$ aus den Grafiken herauslesen?

(c) Welche Positionen x und y wählt die Person, wenn sie das Haus so schnell als möglich erreichen will? Benutzen Sie dazu MATLAB oder Julia und die Methode des steilsten Abstiegs.

3.12 Gegeben ist die Funktion z mit Funktionsgleichung

$$z = z(\mu, \tau) = 10^4 \cdot \tau^4 \cdot \exp\left\{-0{,}5 \cdot \tau \cdot (15 + 7 \cdot (\mu - 103)^2)\right\}$$

für $101{,}0 \leq \mu \leq 105{,}0$ und $0{,}01 \leq \tau \leq 2{,}00$.

Abb. 3.19 Schwimm- und Laufstrecke der Person

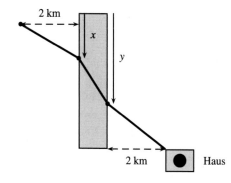

(a) Zeichnen Sie mit MATLAB oder mit Julia den Graph von $z = z(\mu, \tau)$. Zeichnen Sie auch die Niveaulinien. Lesen Sie aus den Grafiken ab, wo sich das Maximum von z etwa befindet.

(b) Berechnen Sie das Maximum von z mit MATLAB oder mit Julia und der Methode des steilsten Abstiegs.

3.13 Gegeben ist die Funktion $y = y(\mathbf{x}) = y(x_1, x_2) = -(x_1^2 + x_2) \cdot \sin\left(x_1^2 + x_2^2\right)$. Dabei liegen x_1 zwischen -2 und 0 und x_2 zwischen -1 und $1{,}5$.

(a) Zeichnen Sie mit einem Computerprogramm den Graph von $y = y(\mathbf{x})$. Zeichnen Sie auch die Niveaulinien von $y = y(\mathbf{x})$.

(b) Bestimmen Sie das Minimum von $y = y(\mathbf{x})$. Benutzen Sie dazu MATLAB oder Julia und die Gradientenmethode.

3.14 Das folgende Gleichungssystem für die unbekannten Winkel α und β ist nichtlinear und überbestimmt:

$$\sin(\alpha + \beta) + \cos(\beta) - 1{,}0 = 0$$
$$\cos(\alpha) + (\sin(\beta))^2 - 0{,}2 = 0$$
$$\sin(\alpha) \cdot \sin(\beta^2) - 0{,}1 = 0$$

Dabei sind $0 \le \alpha \le \pi$ und $0 \le \beta \le \pi$.

(a) Sie wollen Werte für α und β mit der Methode der kleinsten Quadrate erhalten. Welche Funktion $u = F(\alpha, \beta)$ müssen Sie dazu minimieren?

(b) Zeichnen Sie mit MATLAB oder mit Julia den Graph von $u = F(\alpha, \beta)$. Zeichnen Sie auch die Niveaulinien von $u = F(\alpha, \beta)$. Wo liegt das Minimum etwa?

(c) Bestimmen Sie das Minimum von $u = F(\alpha, \beta)$ mit MATLAB oder mit Julia und der Methode der kleinsten Quadrate. Welche Werte erhalten Sie für α und für β?

3.15 Gletscher, die an steilen Berghängen liegen, können abbrechen und Eislawinen produzieren, die eine Bedrohung für Bergsiedlungen bilden. Während des Sommers 1999 begann ein Gletscher oberhalb von Grindelwald stark zu fließen. Ein Abbruch des Gletschers galt für die Wissenschafter an der ETH Zürich als sicher. Um den Zeitpunkt des Abbruchs zu prognostizieren, wurde der Gletscher mit Stäben bestückt. Damit wurde die Verschiebung s der Gletschermasse gemessen (siehe [5]). Tab. 3.4 zeigt die Daten. Physikalische Modelle zu fließenden Gletschern legen nahe, dass die durchschnittliche Verschiebung s eines Gletschers, bei dem ein Abbruch droht, durch das Modell

$$s = v_0 \cdot t - a_0 \left(\frac{(t_\infty - t)^{0,5} - t_\infty^{0,5}}{0{,}5} \right)$$

Tab. 3.4 Zeitliche Entwicklung der Verschiebung s einer Gletschermasse oberhalb von Grindelwald (aus [5])

Tag	0	2	7	12	13	15	16	17	19	20	22
Versch. s (in m)	0,000	0,529	1,936	3,598	3,977	4,802	5,219	5,667	6,669	7,208	8,464

in Funktion der Zeit t beschrieben werden kann. Dabei sind v_0, a_0 und t_∞ unbekannte Parameter. Der Parameter t_∞ entspricht dem Zeitpunkt, in dem der Gletscher abbricht und eine Eislawine auslöst.

(a) Stellen Sie die Messpunkte in einem Streudiagramm dar.

(b) Bestimmen Sie die Werte für die Parameter v_0, a_0 und t_∞ mit der Methode der kleinsten Quadrate. Sie müssen dazu die Messwerte in das Modell einsetzen. Sie erhalten ein überbestimmtes, nichtlineares Gleichungssystem mit elf Gleichungen.

(c) Der Abbruch des Gletschers erfolgte nach $t_\infty = 26{,}8$ Tagen. Vergleichen Sie dies mit dem in (b) bestimmten Wert von t_∞.

Literatur

1. Bättig, D.: Angewandte Mathematik 1 mit MATLAB und Julia. Springer Vieweg, Heidelberg (2020)
2. Bättig, D.: Angewandte Datenanalyse, der Bayes'sche Weg, 2. Aufl. Springer, Heidelberg (2017)
3. Blomqvist, G., Gustafsson, M.: Patterns of Residual Salt on Road Surface, Case Study, vti. Note **33A**, (2005)
4. Erikson, K., Estep, D., Johnson, C.: Angewandte Mathematik: Body and Soul, Bd. 1. Springer, Berlin (2004)
5. Funk, M., Minor, H.-E.: Eislawinen in den Alpen: Erfahrungen mit Schutzmassnahmen und Früherkennungsmethoden. Wasserwirtschaft **91**, 362–368 (2001)
6. Cauchy, A.: Méthode générale pour la résolution des systèmes d'équations simultanées. C. R. Acad. Sci. Paris **25**, 536–538 (1847)
7. Quarteroni, A., Sacco, R., Saleri, F.: Numerische Mathematik 1. Springer Verlag, Berlin (2004)
8. Ralston, A., Rabinowitz, P.: A First Course in Numerical Analysis. Dover Publications Inc., Mineola (1978)

Differenzialgleichungen und das Integral 4

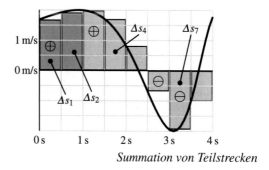

Summation von Teilstrecken

Zusammenfassung

Modelle, um dynamische Phänomene aus der Physik, Chemie oder Biologie zu beschreiben, referieren auf Geschwindigkeiten und Beschleunigungen. Mit dem Ohm'schen Gesetz kann man Ströme in elektrischen Netzwerken beschreiben. Dabei werden die erste und zweite Ableitung der Stromstärke nach der Zeit benötigt. Solche Modelle, die aus Ableitungen und Gleichungen bestehen, werden Differenzialgleichungen genannt. Im Kapitel wird gezeigt, wie Differenzialgleichungen gelöst werden. Dazu benutzt man das Integral – ein Summationswerkzeug – und den Hauptsatz der Infinitesimalrechnung.

4.1 Modelle für dynamische Systeme

Mit dem *Bewegungsgesetz von Newton* kann man modellieren, wie sich Fahrzeuge, Flugzeuge und Raketen unter dem Einfluss von Kräften bewegen. Ist $m = m(t)$ die Masse eines Körpers und $v = v(t)$ seine Geschwindigkeit zum Zeitpunkt t, so nennt man das Produkt

© Springer-Verlag GmbH Deutschland, ein Teil von Springer Nature 2021   81
D. Bättig, *Angewandte Mathematik 2 mit MATLAB und Julia*,
https://doi.org/10.1007/978-3-662-62207-0_4

$m(t) \cdot v(t)$ den *Impuls*. Das Modell von Newton besagt, dass die Ableitung des Impulses nach der Zeit t gleich der Summe der Kräfte $F(t)$ ist, die auf den Körper einwirken:

$$\frac{\mathrm{d}}{\mathrm{d}t} \{m(t) \cdot v(t)\} = F(t)$$

Es folgen zwei Beispiele dazu:

Beispiel 4.1 *(Fallender Stein)* Ein herabfallender Stein habe die Masse m. Auf den Stein wirken zwei Kräfte: die Erdanziehungs- und die Luftwiderstandskraft. In der Nähe der Erdoberfläche beträgt die Erdanziehungskraft $F_G = m \cdot g$. Dabei ist die Erdbeschleunigung $g = 9{,}81 \, \mathrm{m}/s^2$. Vernachlässigt man die Luftwiderstandskraft, folgt aus dem Gesetz von Newton:

$$\frac{\mathrm{d}}{\mathrm{d}t}(m \cdot v) = m \cdot \frac{\mathrm{d}v}{\mathrm{d}t} = m \cdot g$$

Man kennt daher die Ableitung der gesuchten Geschwindigkeit $v = v(t)$: $v'(t) = g$. Dies ist eine *gewöhnliche Differenzialgleichung 1. Ordnung* (engl. *ordinary differential equation (ODE) of first order*) oder kurz ‚Differenzialgleichung 1. Ordnung' für die Geschwindigkeit $v = v(t)$.

Oft ist nicht die Geschwindigkeitsfunktion $v = v(t)$, sondern die Wegfunktion $s = s(t)$ des fallenden Steins gesucht. Es ist

$$\frac{\mathrm{d}s}{\mathrm{d}t} = v(t)$$

Dies ist eine Differenzialgleichung 1. Ordnung für den Weg $s = s(t)$. Aus der Geschwindigkeitsfunktion $v = v(t)$ sucht man die Wegfunktion $s = s(t)$.

Beispiel 4.2 *(Federpendel)* Ist $y = y(t)$ die Auslenkung eines Federpendels, das eine Masse m hat, so gilt mit dem Modell von Newton:

Masse × Ableitung der Geschwindigkeit = Kraft auf das Pendel

Das Hook'sche Gesetz modelliert die Kraft auf das Pendel mit $-D \times$ Auslenkung. Dabei ist D die Federkonstante. Ist $v = v(t) = y'(t)$ die Geschwindigkeit des Pendels, so wird damit:

$$m \cdot v'(t) = -D \cdot y(t) \quad \text{und} \quad y'(t) = v(t)$$

Hierbei handelt es sich um ein System von zwei Differenzialgleichungen 1. Ordnung für die Auslenkung $y = y(t)$ und die Geschwindigkeit $v = v(t)$. Wir können die zweite Gleichung in die erste einsetzen:

$$m \cdot y''(t) = -D \cdot y(t)$$

Dies ist eine gewöhnliche Differenzialgleichung 2. *Ordnung* für $y = y(t)$, weil eine zweite Ableitung benötigt wird.

Auch in der Elektrotechnik werden Differenzialgleichungen benutzt, um physikalische Phänomene zu beschreiben:

Beispiel 4.3 (Elektrischer Schwingkreis) Ein RLC-Schwingkreis (siehe Abb. 4.1) ist ein elektrisches Netz, das aus einem Widerstand mit Stärke R, einer Spule mit Induktion L und einem Kondensator mit Kapazität C besteht.

Ist $U = U(t)$ die bekannte, von der Zeit t abhängige Spannung, so gilt für den Strom $i = i(t)$:

$$L \cdot \frac{\mathrm{d}^2 i}{\mathrm{d}t^2} + R \cdot \frac{\mathrm{d}i}{\mathrm{d}t} + \frac{1}{C} \cdot i(t) = \frac{\mathrm{d}U}{\mathrm{d}t}$$

Die Gleichung folgt aus der Tatsache, dass über den Widerstand die Spannung $U = R \cdot i$, über die Spule die Spannung $U = L \cdot \mathrm{d}i/\mathrm{d}t$ und über den Kondensator der Strom $i_C = C \cdot \mathrm{d}U/\mathrm{d}t$ gegeben ist. Die vorgestellte Gleichung ist eine Differenzialgleichung 2. Ordnung für den Strom $i = i(t)$.

Fourier war einer der ersten Mathematiker, der untersuchte, wie sich Körper, flüssige oder gasförmige Stoffe erwärmen oder abkühlen. Er entwickelte das folgende Modell für die Wärmeausbreitung:

$$\lambda \cdot \text{Temperaturgradient} = \text{Wärmefluss}$$

Dies nennt man das *Gesetz von Fourier zur Wärmeleitung*. Der Faktor λ heißt die *Wärmekapazität* des untersuchten Stoffs. Er beschreibt, wie gut der Stoff fähig ist, Wärme zu speichern. Der Wärmefluss gibt an, in welchem Maß die Wärme des Stoffs an die Umgebung transportiert wird. Der Temperaturgradient ist die Änderungsrate $\mathrm{d}T/\mathrm{d}t$ der Temperatur des Stoffs nach der Zeit t. Also ist

$$\lambda \cdot \frac{\mathrm{d}T}{\mathrm{d}t} = \text{Wärmefluss}$$

Dies ist eine Differenzialgleichung 1. Ordnung für die gesuchte Temperatur $T = T(t)$.

Abb. 4.1 Ein RLC-Schwingkreis

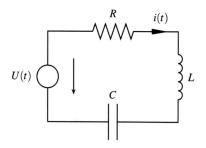

4.2   Lösungen von Differenzialgleichungen erraten: Stammfunktionen

Einfachste Differenzialgleichungen 1. Ordnung können mit Stammfunktionen gelöst werden. Um zu zeigen, wie dies gemacht wird, betrachten wir die Differenzialgleichung 1. Ordnung:

$$\frac{dy}{dt} = x(t)$$

für die Funktion $y = y(t)$. Dabei ist $x = x(t)$ eine bekannte, differenzierbare Funktion, definiert für t zwischen a und b. Die gesuchte Funktion $y = y(t)$ soll wie $x = x(t)$ für t zwischen a und b definiert sein. Hier ein Beispiel dazu:

Beispiel 4.4 (Fallender Stein) Beim Beispiel 4.1 ist die Geschwindigkeit $v = v(t)$ eines herabfallenden Steins gesucht. Aus dem Gesetz von Newton hat man

$$\frac{dv}{dt} = g = 9,81 \, \text{m/s}^2$$

Hier ist $x = x(t) = g$ konstant. Die Geschwindigkeit $v = v(t)$ kann man erraten. So hat $v(t) = g \cdot t$ die Ableitung g. Andere mögliche Geschwindigkeitsfunktionen $v = v(t)$ mit Ableitung $v'(t) = g$ sind $v = v(t) = g \cdot t + 2 \, \text{m/s}$ oder $v(t) = g \cdot t - 6 \, \text{m/s}$. Mit der Differenzialgleichung allein kann man also die Geschwindigkeit $v = v(t)$ nicht berechnen. Man braucht zusätzlich die *Fallgeschwindigkeit* v_0 des Steins zum Zeitpunkt $t = 0 \, \text{s}$. Ist $v_0 = 3 \, \text{m/s}$, so kann man aus der ersten erratenen Geschwindigkeit $v = g \cdot t$ die Geschwindigkeit des Steins berechnen:

$$v = v(t) = \underbrace{3 \, \text{m/s}}_{= v_0} + (\underbrace{g \cdot t}_{\text{erraten}} - g \cdot 0 \, \text{s}) = 3 \, \text{m/s} + g \cdot t$$

Man definiert:

Definition 4.1 (Anfangswert oder Cauchyproblem) Gegeben ist eine Funktion $x = x(t)$, die auf dem Intervall $a \leq t \leq b$ definiert ist. Gesucht sei eine Funktion $y = y(t)$ mit $a \leq t \leq b$, die die Differenzialgleichung

$$\frac{dy}{dt} = x(t)$$

erfüllt und einen vorgegebenen Anfangswert $y(a) = y_a$ annimmt. Dies nennt man ein *Anfangswertproblem* (AWP) (engl. *initial-value problem*) oder ein *Cauchyproblem* für die Funktion $y = y(t)$.

Man kann das obige Beispiel wie folgt verallgemeinern (für einen Beweis, siehe [2]):

Theorem 4.1 *Es sei $X = X(t)$ eine Funktion, die abgeleitet $x = x(t)$ ist. Dabei ist $x = x(t)$ eine differenzierbare Funktion. Die Lösung $y = y(t)$ des in der Definition 4.1 genannten AWP ist dann eindeutig. Sie lautet*

$$y(t) = y(a) + (X(t) - X(a))$$

Man nennt die Funktion $X = X(t)$ eine *Stammfunktion* oder eine *Anti-Ableitung* (engl. *antiderivative*) von $x = x(t)$. In Taschenrechnern und einigen Rechenprogrammen benutzt man dafür die Schreibweise

$$X(t) = \int x(t)\,\mathrm{d}t \quad \text{oder kurz} \quad X = \int x\,\mathrm{d}t$$

Man spricht von einem *unbestimmten Integral* (engl. *indefinite integral*). In diesem Ausdruck heißt $x(t)$ der *Integrand* (engl. *integrand*). Das Differenzial $\mathrm{d}t$ zeigt an, dass die unabhängige Variable t ist. Die Einheit der Stammfunktion $X = X(t)$ ist gleich dem Produkt der Einheit von x und der Einheit von t (oder $\mathrm{d}t$), weil $\mathrm{d}X/\mathrm{d}t = x(t)$ ist. Damit hat der Term $x(t)\,\mathrm{d}t$ die gleiche Einheit wie $X = X(t)$. Die Schreibweise mit dem unbestimmten Integral wird in technischen Wissenschaften jedoch wenig benutzt. Sie wird in diesem Buch deshalb nicht verwendet.

Es folgt ein Beispiel zu Theorem 4.1:

Beispiel 4.5 (Lösen eines einfachen AWP) Gesucht sei die Funktion $y = y(t)$ mit

$$\frac{\mathrm{d}y}{\mathrm{d}t} = 2 \cdot \sin t$$

und der Anfangsbedingung $y(0) = 3$. Um $y = y(t)$ zu berechnen, benötigen wir eine Stammfunktion von $x = x(t) = 2 \cdot \sin t$. Man kann diese erraten: Eine Funktion, die die Ableitung $2 \cdot \sin t$ hat, ist $X(t) = -2 \cdot \cos t$. Damit ist $y = y(t)$ nach dem obigen Theorem:

$$y(t) = y(0) + (X(t) - X(0)) = 3 + [(-2 \cdot \cos t) - (-2 \cdot \cos 0)] = 5 - 2 \cdot \cos t$$

Wir können eine Funktion $X = X(t)$ ableiten und so eine Stammfunktion von $x(t) = \mathrm{d}X/\mathrm{d}t$ erhalten. Die Ableitung von $X(t) = \sin(\omega \cdot t)$ nach t ist gleich $\omega \cdot \cos(\omega \cdot t)$. Somit ist $X(t) = \sin(\omega \cdot t)$ eine Stammfunktion von $x(t) = \omega \cdot \cos(\omega \cdot t)$. Ist $X = X(t) = t^3$, so gilt $\mathrm{d}X/\mathrm{d}t = 3 \cdot t^2$. Daher ist $X = X(t) = t^3$ eine Stammfunktion von $x = x(t) = 3 \cdot t^2$. Dies können wir benutzen, um das folgende Beispiel zu analysieren:

Beispiel 4.6 (Wegfunktion aus der Geschwindigkeit berechnen) Ein Fahrzeug habe die Geschwindigkeit $v = v(t) = a \cdot t^2$ mit $a = 3\,\mathrm{m/s}^3$. Für die Wegfunktion $s = s(t)$ hat man die Differenzialgleichung

$$\frac{\mathrm{d}s}{\mathrm{d}t} = v(t) = 3\,\text{m/s}^2 \cdot t^2$$

Die Anfangsposition des Fahrzeugs sei $s(0\,\text{s}) = 5\,\text{m}$. Wir wissen, dass die Funktion $X(t) = t^3$ eine Stammfunktion von $x = x(t) = 3 \cdot t^2$ ist. Daher ist:

$$s(t) = s(0\,\text{s}) + X(t) - X(0\,\text{s}) = 5\,\text{m} + 1\,\text{m/s}^2 \cdot t^3 - 1\,\text{m/s}^2 \cdot (0\,\text{s})^3 = 5\,\text{m} + 1\,\text{m/s}^2 \cdot t^3$$

Zum Zeitpunkt $t = 2\,\text{s}$ befindet sich das Fahrzeug bei der Position $s(2\,\text{s}) = 18\,\text{m}$.

Die Funktion $Y = Y(x) = x^2 \cdot \sin x$ hat die Ableitung $Y'(x) = 2 \cdot x \cdot \sin x + x^2 \cdot \cos x$. Daher hat die Funktion $y = y(x) = 2 \cdot x \cdot \sin x + x \cdot \cos x$ die Stammfunktion $Y = Y(x) = x^2 \cdot \sin x$. Das Beispiel zeigt, dass es nicht einfach ist, Stammfunktionen zu bestimmen: Wie lautet etwa eine Stammfunktion von $y(x) = x \cdot \sin x$? Um eine solche Frage zu beantworten, benutzt man Formelsammlungen oder – moderner – Taschenrechner und Computer. MATLAB und Julia besitzen Algorithmen, um Stammfunktionen zu berechnen. Mit MATLAB können Sie eine Stammfunktion von $y = y(t) = t \cdot \sin(a \cdot t)$ wie folgt bestimmen:

```
matlab> syms t a;
matlab> int(t*sin(a*t), t)
   ans =
      (sin(a*t) - a*t*cos(a*t))/a^2
```

Mit Julia können Sie wie folgt vorgehen:

```
julia> using SymPy
julia> t = Sym("t"); a = Sym("a")
julia> SymPy.integrate(t*sin(a*t), t)
   -t*cos(a*t)/a + sin(a*t)/ a^2   for a ≠ 0
   0                               otherwise
```

Man *integriert symbolisch*, wenn man Stammfunktionen mit Funktionsgleichungen angibt. Dies ist nicht immer möglich. So ist es unmöglich, die in der Statistik und in der linearen Optik benötigten Stammfunktionen von

$$\text{pdf}(x) = e^{-x^2/2} \quad \text{und} \quad c(t) = \frac{\sin t}{t}$$

mit einer Formel aus bekannten Funktionen, wie Polynomen, Wurzelfunktionen oder Exponential- und Logarithmusfunktionen, anzugeben. Hier ein weiteres Beispiel dazu:

```
matlab> syms alpha;
matlab> int(exp(sin(alpha)),alpha)
   ans =
      int(exp(sin(alpha)), alpha)
```

Die Stammfunktion von $y(\alpha) = \exp(\sin\alpha)$ hat also keine explizite Form aus bekannten Funktionen.

4.3 Der Hauptsatz der Infinitesimalrechnung

Das vorgestellte Verfahren in Theorem 4.1, um ein AWP zu lösen, ist nicht unproblematisch. Es basiert auf Stammfunktionen. Komplexe Funktionen haben in der Regel aber keine explizite Form für Stammfunktionen.

Dass das in Theorem 4.1 vorgestellte AWP in jedem Fall gelöst werden kann, wenn man Funktionswerte summiert, zeigt der *Hauptsatz der Infinitesimalrechnung* (engl. *fundamental theorem of calculus*). Dieser wurde von Leibniz entdeckt. Das Verfahren wird im Folgenden am Beispiel eines Wagens, der sich mit einer Geschwindigkeit $v = v(t)$ bewegt, vorgestellt (siehe Abb. 4.2).

Beispiel 4.7 (Von der Geschwindigkeits- zur Wegfunktion) Die Geschwindigkeit v zum Zeitpunkt t eines Fahrzeugs sei durch $v = v(t) = a \cdot \sin(\exp(b \cdot t))$ mit $a = 2\,\mathrm{m/s}$ und $b = 0{,}5\,\mathrm{s}^{-1}$ gegeben. Der Graph der Geschwindigkeitsfunktion für die Zeitpunkte t zwischen $0\,\mathrm{s}$ und $4\,\mathrm{s}$ ist in Abb. 4.3 dargestellt. Ist die Geschwindigkeitsfunktion v positiv, so nimmt $s = s(t)$ zu. Bei negativer Geschwindigkeit fährt das Fahrzeug rückwärts. Dann wird $s = s(t)$ kleiner. Für die Wegfunktion $s = s(t)$ gilt die Differenzialgleichung 1. Ordnung

$$\frac{\mathrm{d}s}{\mathrm{d}t} = v(t) = a \cdot \sin(\exp(b \cdot t))$$

Um $s = s(t)$ zu bestimmen, brauchen wir eine Anfangsbedingung. Die Position des Wagens sei zum Zeitpunkt $t = 0\,\mathrm{s}$ bei $s(0\,\mathrm{s}) = 5\,\mathrm{m}$.

Abb. 4.2 Fahrzeug mit
Position $s = s(t)$ und
Geschwindigkeit $v = v(t)$

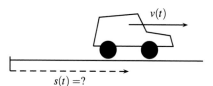

Abb. 4.3 Geschwindigkeitsverlauf
$v = v(t)$ eines Fahrzeugs
während zweier Sekunden

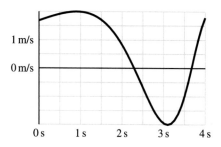

Wie lautet die Position $s = s(4\,\text{s})$ des Fahrzeugs zum Zeitpunkt $t = 4\,\text{s}$? Man kann keine explizite Stammfunktion von $v = v(t)$ angeben. Um die gesuchte Position dennoch zu berechnen, konstruieren wir eine Folge $s_1, s_2, s_3, \ldots$, die gegen die gesuchte Position $s = s(4\,\text{s})$ konvergiert. Nützlich ist dabei die zentrale Approximationsformel (vgl. Angewandte Mathematik Bd. 1, [1]):

$$s(t + \Delta t) = s(t) + \frac{\mathrm{d}s}{\mathrm{d}t} \cdot \Delta t + \mathcal{O}((\Delta t)^2) \qquad \text{für } \Delta t \to 0 \tag{4.1}$$

Daraus folgt, dass der Weg Δs, den der Wagen zwischen den Zeitpunkten t und $t + \Delta t$ zurücklegt, wie folgt approximiert wird:

$$\Delta s = s(t + \Delta t) - s(t) \approx \frac{\mathrm{d}s}{\mathrm{d}t} \cdot \Delta t = v(t) \cdot \Delta t$$

Ist Δt klein, so ist der Fehler in der Formel proportional zu $(\Delta t)^2$. Wählen wir in dieser Formel $t = 0\,\text{s}$ und $\Delta t = 4\,\text{s}$, so ist

$$\Delta s \approx v(0\,\text{s}) \cdot \Delta t = a \cdot \sin(\exp(b \cdot 0\,\text{s})) \cdot 4\,\text{s} = 6{,}73\,\text{m}$$

Die Position des Fahrzeugs zum Zeitpunkt $t = 4\,\text{s}$ ist damit $s(4\,\text{s}) = s(0\,\text{s}) + 6{,}73\,\text{m} = 5\,\text{m} + 6{,}73\,\text{m} = 11{,}73\,\text{m}$. Die berechnete Position dürfte wenig präzis sein, da $\Delta t = 4\,\text{s}$ groß ist.

Besser ist es, wenn wir das Zeitfenster zwischen $0\,\text{s}$ und $4\,\text{s}$ in zwei Teile mit $\Delta t = 4\,\text{s}/2 = 2\,\text{s}$ trennen und zweimal die zentrale Approximationsformel mit den Wegstücken $\Delta s_1 = v(0\,\text{s}) \cdot \Delta t$ und $\Delta s_2 = v(2\,\text{s}) \cdot \Delta t$ anwenden:

$$\Delta s = \Delta s_1 + \Delta s_2 \approx a \cdot \sin(\exp(b \cdot 0\,\text{s})) \cdot 2\,\text{s} + a \cdot \sin(\exp(b \cdot 2\,\text{s})) \cdot 2\,\text{s} = 5{,}01\,\text{m}$$

Die Position des Fahrzeugs zum Zeitpunkt $t = 4\,\text{s}$ ist damit $s(4\,\text{s}) = s(0\,\text{s}) + 5{,}01\,\text{m} = 10{,}01\,\text{m}$.

Wir bestimmen die Position $s = s(4\,\text{s}) = s(0\,\text{s}) + \Delta s$ nun mit vier Wegstücken $\Delta s = \Delta s_1 + \Delta s_2 + \Delta s_3 + \Delta s_4$. Dabei haben die Zeitabschnitte die Länge $\Delta t = 4\,\text{s}/4 = 1\,\text{s}$:

$$\Delta s \approx a \cdot \sin(\exp(b \cdot 0\,\text{s})) \cdot 1\,\text{s} + a \cdot \sin(\exp(b \cdot 1\,\text{s})) \cdot 1\,\text{s}$$
$$+ a \cdot \sin(\exp(b \cdot 2\,\text{s})) \cdot 1\,\text{s} + a \cdot \sin(\exp(b \cdot 3\,\text{s})) \cdot 1\,\text{s} = 2{,}55\,\text{m}$$

Mit den vier Teilstrecken erhält man $s(4\,\text{s}) = 5\,\text{m} + 2{,}55\,\text{m} = 7{,}55\,\text{m}$.

Es ist für spätere Rechnungen wichtig, dass wir die vier Teilstrecken $\Delta s_1, \Delta s_2, \Delta s_3$ und Δs_4 im Graph der Geschwindigkeitsfunktion $v = v(t)$ ablesen können. Abb. 4.4 zeigt dies. Es sind Rechtecksflächen mit Höhe $v(t)$ und Breite Δt mit Vorzeichen: Ist die Geschwindigkeit v positiv, so wird $\Delta s = v(t) \cdot \Delta t$ positiv. Ist aber v negativ, so ist Δs negativ.

Teilen wir das Zeitfenster in Zeitabschnitte mit $\Delta t = 0{,}5\,\text{s}$, so erhalten wir eine exaktere Position $s = s(4\,\text{s})$ des Fahrzeugs:

Abb. 4.4 Die Teilstrecken Δs_1, Δs_2, Δs_3 und Δs_4 als Rechtecksflächen mit $\Delta t = 1\,\text{s}$ und mit Vorzeichen

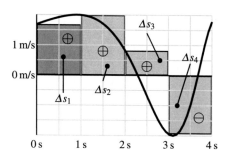

$$s(4\,\text{s}) \approx s(0\,\text{s}) + \sum_{i=0}^{7} v(t_i) \cdot \Delta t = 5\,\text{m} + \sum_{i=0}^{7} a \cdot \sin(\exp(b \cdot i \cdot 0,5\,\text{s})) \cdot 0,5\,\text{s} = 8,73\,\text{m}$$

Die acht Teilstrecken Δs_1, Δs_2, … und Δs_8 sind in Abb. 4.5 als Rechtecksflächen dargestellt.

Mit dem vorgestellten Verfahren erhalten wir eine Folge von Approximationen für die gesuchte Position des Fahrzeugs mit $\Delta t = 4\,\text{s}$, $\Delta t = 4\,\text{s}/2^1$, $\Delta t = 4\,\text{s}/2^2$, $\Delta t = 4\,\text{s}/2^3$, $\Delta t = 4\,\text{s}/2^4$, …:

$$s_0 = 11,73\,\text{m}, \quad s_1 = 10,01\,\text{m}, \quad s_2 = 7,11\,\text{m}, \quad s_3 = 8,73\,\text{m}, \quad s_4 = 7,16\,\text{m}, \quad \dots$$

Im Folgenden wird gezeigt, dass die Folge konvergiert. Wir betrachten dazu die Differenz benachbarter Elemente s_{n+1} und s_n der Folge. Abb. 4.4 zeigt das Element $s_2 = 7,11\,\text{m}$ und Abb. 4.5 das Element $s_3 = 8,73\,\text{m}$. Bei s_2 ist $\Delta t = 4\,\text{s}/2^2 = 1\,\text{s}$. Im Zeitfenster zwischen $0\,\text{s}$ und $1\,\text{s}$ entsteht bei s_2 ein Rechteck, das in der Abbildung dunkelgrau gezeichnet ist. Beim Element s_3 sind zwei Rechtecke vorhanden. Die Differenz dieser beiden Rechtecksflächen ist mit $\Delta t = 0,5\,\text{s}$:

$$\Delta F = (v(0\,\text{s}) - v(0,5\,\text{s})) \cdot \Delta t = (v(0\,\text{s}) - v(0\,\text{s} + \Delta t)) \cdot \Delta t$$

Die Differenz in der Formel können wir mit der zentralen Approximationsformel abschätzen. Es ist $v(0\,\text{s} + \Delta t) - v(0\,\text{s}) \approx v'(0\,\text{s}) \cdot \Delta t$. Damit folgt

Abb. 4.5 Die Teilstrecken Δs_1, Δs_2, …und Δs_8 als Rechtecksflächen mit $\Delta t = 0,5\,\text{s}$ und mit Vorzeichen

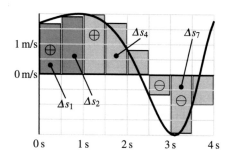

$$|\Delta F| \approx |v'(0\,\text{s}) \cdot \Delta t| \cdot \Delta t = |v'(0\,\text{s})| \cdot (\Delta t)^2$$

Um die Differenz zwischen s_3 und s_2 zu berechnen, müssen wir vier solcher Flächen für Zeiten zwischen $0\,\text{s}$ und $1\,\text{s}$, zwischen $1\,\text{s}$ und $2\,\text{s}$ bis zwischen $3\,\text{s}$ und $4\,\text{s}$ addieren. Jeder Summand hat den Faktor $(\Delta t)^2$. Wir erhalten

$$|s_3 - s_2| \approx \big(|v'(0\,\text{s})| + |v'(1\,\text{s})| + |v'(2\,\text{s})| + |v'(3\,\text{s})|\big) \cdot (\Delta t)^2$$

Die einzelnen Summanden mit der Ableitung der Geschwindigkeit ersetzen wir durch den maximalen Wert des Betrags der Ableitung von $v = v(t)$. Wir können ihn mit einer Wertetabelle bestimmen. Mit Julia durch

```julia
julia> using ForwardDiff
julia> v(t) = 2*sin(exp(0.5*t))
julia> dvdtabs(t) = abs(ForwardDiff.derivative(v,t))
julia> t = 0:0.001:4; findmax(dvdtabs.(t))
       (6.361002306248431, 3725)
```

Es ist also $|v'(t)| < 6{,}37\text{m/s}^2$. Wir erhalten damit

$$|s_3 - s_2| \leq 2^2 \cdot 6{,}37\,\text{m/s}^2 \cdot (\Delta t)^2$$

Mit den gleichen Überlegungen schätzt man die Differenz zwischen s_{n+1} und s_n ab:

$$|s_{n+1} - s_n| \leq 2^n \cdot 6{,}37\,\text{m/s}^2 \cdot (\Delta t)^2$$

Beim Element s_n ist $\Delta t = 4\,\text{s}/2^{n+1}$. Daher ist

$$|s_{n+1} - s_n| \leq 2^n \cdot 6{,}37\,\text{m/s}^2 \cdot \left(\frac{4\,\text{s}}{2^{n+1}}\right)^2 = 6{,}37\,\text{m/s}^2 \cdot 4\,\text{s}^2 \cdot \left(\frac{1}{2}\right)^n$$

Die Differenz zweier aufeinanderfolgender Elemente der Folge strebt wie bei einer geometrischen Folge gegen null. Nach Theorem 2.4 konvergiert die Folge. Den Grenzwert bezeichnet man mit einem Integralzeichen:

$$s(4\,\text{s}) = \lim_{n \to \infty} s_n = 5\,\text{m} + \lim_{n \to \infty} \sum_{i=0}^{2^n - 1} v(t_i) \cdot \Delta t = s(0\,\text{s}) + \int_{0\,\text{s}}^{4\,\text{s}} v(t)\,\mathrm{d}t$$

Das Intergralzeichen $\int$ steht für **Summe**: Addiert werden Teilstrecken Δs, also Produkte $v(t) \cdot \Delta t$ für Zeiten t zwischen $0\,\text{s}$ und $4\,\text{s}$. Die Grenzen $0\,\text{s}$ und $4\,\text{s}$ sind beim Integralzeichen markiert. Man spricht von einem *bestimmten Integral* (engl. *definite integral*). Das bestimmte Integral wird auch *Riemann'sche Summe* genannt. Es definiert die *Fläche* – mit Vorzeichen – unter dem Graph der Geschwindigkeitsfunktion $v = v(t)$. Dies illustriert Abb. 4.6.

Wie groß ist die Konvergenzgeschwindigkeit dieser Folge? Wir haben jede Teilstrecke Δs mit der zentralen Approximationsformel berechnet. Dabei entsteht ein Fehler, der proportional zu $(\Delta t)^2$ ist. Es müssen 2^n Teilstrecken addiert werden. Damit ist

$$\text{Fehler der Rechnung proportional zu } 2^n \cdot (\Delta t)^2$$

Das Zeitfenster Δt ist gleich $4\,\text{s}/2^n$. Daher folgt:

$$\text{Fehler der Rechnung proportional zu } \frac{4\,\text{s}}{\Delta t} \cdot (\Delta t)^2 = 4\,\text{s} \cdot \Delta t$$

Die Konvergenz ist also linear. Das vorgestellte Verfahren konvergiert mit der gleichen Geschwindigkeit wie die Bisektion.

Angelehnt an die Rechnung zum obigen Beispiel gilt:

Theorem 4.2 (Hauptsatz der Infinitesimalrechnung) *Gegeben sei eine Funktion* $x = x(t)$ *der Klasse* C^∞ *für* $a \leq t \leq b$. *Dann hat das AWP für die unbekannte Funktion* $y = y(t)$ *mit* $a \leq t \leq b$, *gegeben durch*

$$y'(t) = x(t) \quad \text{mit Anfangsbedingung} \quad y(a) = y_a$$

genau eine Lösung. Der Wert $y(t_*)$ *der Lösung* $y = y(t)$ *kann durch Summieren bestimmt werden:*

$$y(t_*) = y_a + \int_a^{t_*} x(t)\,dt = y_a + \lim_{n \to \infty} \sum_{i=0}^{2^n-1} x(a + i \cdot \Delta t) \cdot \Delta t$$

mit $\Delta t = (t_* - a)/2^n$. *Die Konvergenzgeschwindigkeit der Summe ist linear.*

Um das Theorem zu beweisen, muss man wie bei der obigen Rechnung zeigen, dass die Summe konvergiert. Dies kann man analog zum obigen Beispiel machen. Zusätzlich muss man beweisen, dass der Grenzwert $y(t_*)$ der Summe differenzierbar ist und die Gleichung $y'(t) = x(t)$ erfüllt. Einen Beweis dazu finden Sie in [2].

Möchte man im Hauptsatz nicht $y(t_*)$ sondern $y(t)$ schreiben, wechselt man die Notation von t_* zu t. Vorher muss man allerdings – um die Verwechslung mit der bereits vorkommen-

Abb. 4.6 Das bestimmte Integral $\int_{0\,\text{s}}^{4\,\text{s}} v(t)\,dt$ definiert mathematisch die Fläche mit Vorzeichen

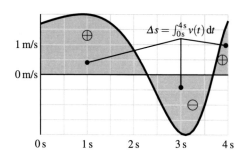

den Variablen t zu vermeiden – die im Integranden vorhandene Variable t durch τ ersetzen.
Man erhält

$$\text{Wenn} \quad \frac{dy}{dt} = x(t), \quad \text{dann ist} \quad y(t) = y(a) + \int_a^t x(\tau)\, d\tau$$

Es folgen zwei Beispiele dazu:

Beispiel 4.8 (Lösen eines AWP) Gesucht ist der Wert bei $t = 10$ der Funktion $y = y(t)$,
die die Differenzialgleichung $y'(t) = x(t) = t^2 \cdot \sin t$ mit der Anfangsbedingung $y(2) = 4$
erfüllt. Mit dem Hauptsatz der Infinitesimalrechnung ist

$$y(10) = y(2) + \int_2^{10} x(t)\, dt = 4 + \int_2^{10} t^2 \cdot \sin t \, dt$$

Wir berechnen das bestimmte Integral mit einer Summe, indem wir den Zeitbereich für t
von 2 bis 10 in $2^5 = 32$ Teile zerlegen. Wir haben damit

$$\Delta t = \frac{10 - 2}{32} = 0{,}25$$

In Theorem 4.2 ist $x(a + i \cdot \Delta t) = x(2 + i \cdot \Delta t) = (2 + i \cdot \Delta t)^2 \cdot \sin(2 + i \cdot \Delta t)$. Somit
erhalten wir

$$\int_2^{10} t^2 \cdot \sin t \, dt \approx 2^2 \cdot \sin 2 \cdot \Delta t + 2{,}25^2 \cdot \sin 2{,}25 \cdot \Delta t + \cdots + 9{,}75^2 \cdot \sin 9{,}75 \cdot \Delta t$$

Abb. 4.7 zeigt den Graph der Funktion $x(t) = t^2 \cdot \sin t$ und die zu berechnende Summe von
Rechtecksflächen $x(t) \cdot \Delta t$. Mit MATLAB und mit Julia können wir diese Summe mit der
Funktion sum() berechnen. Dazu benötigen wir den Vektor t mit den Komponenten 2,
2,25, 2,5, ... und 9,75. Mit MATLAB können Sie wie folgt vorgehen:

```
matlab> syms t;
matlab> x(t) = t^2*sin(t);
matlab> t = 2:0.25:9.75;
```

Abb. 4.7 Das bestimmte
Integral $\int_4^{10} t^2 \cdot \sin t \, dt$
approximiert mit einer Summe
von Rechtecksflächen der
Breite $\Delta t = 0{,}25$

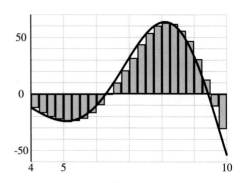

```
matlab> summe = sum(x(t)*0.25);
matlab> vpa(summe,6)
    ans =
        73.6294
```

Der Befehl vpa(,6) zeigt das Resultat mit sechs signifikanten Ziffern. Mit Julia können Sie ähnlich vorgehen (siehe das nächste Beispiel). Es ist also $y(10) \approx 4 + 73,6 = 77,6$. Wählen wir $\Delta t = 8/2^{10} = 0,0078$, so erhalten wir genauer $y(10) \approx 4 + 67,1053 = 71,1053$.

Wir können das AWP auch mit einer Stammfunktion und mit dem Theorem 4.1 lösen. Mit MATLAB erhalten wir die folgende Stammfunktion von $x(t) = t^2 \cdot \sin(t)$:

```
matlab> syms t;
matlab> int(t^2*sin(t), t)
    ans =
        2*t*sin(t) - cos(t)*(t^2 - 2)
```

Eine Stammfunktion von $x = x(t)$ ist deshalb $X = X(t) = 2t \cdot \sin t + (2 - t^2) \cdot \cos t$. Damit ist

$$y(t) = y(2) + (X(t) - X(2)) = 4 + \left(2t \cdot \sin t + (2 - t^2) \cdot \cos t - 4{,}46948\right)$$

Wir setzen $t = 10$ und erhalten $y(10) = 4 + 66,8791 = 70,8791$. Die Approximation mit $\Delta t = 0,0078$ ergibt das Resultat $71,1053$.

Beispiel 4.9 (Die Ladung aus dem Strom berechnen) Die Änderungsrate der transportierten Ladung $Q = Q(t)$ in einem elektrischen Netz ist der Strom $i = i(t)$. Man hat also die Gleichung

$$\frac{\mathrm{d}Q}{\mathrm{d}t} = i(t)$$

Es sei $i = i(t) = a \cdot t^2$ mit $a = 1\,\mathrm{A/s}^2$. Weiter gelte die Anfangsbedingung $Q(0\,\mathrm{s}) = 5\,\mathrm{C}$. Mit dem Hauptsatz der Infinitesimalrechnung können Sie die Ladung berechnen:

$$Q(t) = Q(0\,\mathrm{s}) + \int_{0\,\mathrm{s}}^{t} a \cdot \tau^2 \, \mathrm{d}\tau = 5\,\mathrm{C} + \int_{0\,\mathrm{s}}^{t} a \cdot \tau^2 \, \mathrm{d}\tau$$

Um die Ladung Q zum Zeitpunkt $t = 6\,\mathrm{s}$ zu bestimmen, müssen wir das bestimmte Integral von $0\,\mathrm{s}$ bis $6\,\mathrm{s}$ von $a \cdot \tau^2$ berechnen. Wir wählen $\Delta \tau = (6\,\mathrm{s} - 0\,\mathrm{s})/2^8 = 0,0234375\,\mathrm{s}$. Mit Julia berechnen wir die Summe wiederum mit der sum()-Funktion:

```
julia> i(t) = t^2
julia> Δτ = 6/2^8; τ = collect(0:Δτ:(6-Δτ))
julia> sum(i.(τ) * Δτ)
    71.57867431640625
```

Die Punktnotation bei $i(\tau)$ ist nötig, weil τ ein Vektor ist und der Strom $i(\tau)$ für jede Komponente von τ berechnet wird. Es ist somit $Q(6\,\mathrm{s}) = 5\,\mathrm{C} + 71{,}58\,\mathrm{C} = 76{,}58\,\mathrm{C}$. Wir können das AWP auch mit dem Theorem 4.1 lösen. Eine Stammfunktion von $i(t) = a \cdot t^2$ ist $I(\tau) = a \cdot t^3/3$. Daher ist

$$Q(t) = Q(0\,\mathrm{s}) + (I(t) - I(0\,\mathrm{s})) = 5\,\mathrm{C} + \left(a \cdot \frac{t^3}{3} - a \cdot \frac{(0\,\mathrm{s})^3}{3} \right) = 5\,\mathrm{C} + a \cdot \frac{t^3}{3}$$

Der exakte Wert von $Q(6\,\mathrm{s})$ ist damit $5\,\mathrm{C} + 72\,\mathrm{C} = 77\,\mathrm{C}$.

4.4   Bestimmtes Integral: Symbolisch rechnen und Rechenregeln

Die letzten zwei Beispiele im Abschn. 4.3 zeigen, dass zwei Methoden existieren, um das AWP $y'(t) = x(t)$ mit differenzierbarer Funktion $x = x(t)$ und mit vorgegebenem Wert $y(a)$ zu lösen. Wir können das bestimmte Integral – den Hauptsatz der Infinitesimalrechnung – anwenden:

$$y(t) = y(a) + \int_a^t x(\tau)\,\mathrm{d}\tau$$

Ferner ist es möglich, mit Stammfunktionen zu rechnen. Ist $X = X(t)$ eine Stammfunktion von $x = x(t)$, so ist

$$y(t) = y(a) + (X(t) - X(a))$$

Vergleichen wir beide Gleichungen, so folgt:

Theorem 4.3 (Symbolisch bestimmtes Integral berechnen) *Ist $X = X(t)$ eine Stammfunktion der Funktion $x = x(t)$ der Klasse C^∞ mit $a \le t \le b$, so ist*

$$\int_a^b x(\tau)\,\mathrm{d}\tau = X(b) - X(a)$$

Dies zeigt, dass wir ein bestimmtes Integral – also eine Summation – mit Stammfunktionen berechnen können. Man sagt, dass man das bestimmte Integral *symbolisch* bestimmt. Ein Beispiel dazu ist:

Beispiel 4.10 (Bestimmtes Integral symbolisch bestimmen) Eine Stammfunktion von $x = x(t) = 3 \cdot t^2 + 4$ ist $X = X(t) = t^3 + 4t$. Daher ist

$$\int_2^7 (3 \cdot t^2 + 4)\,\mathrm{d}t = X(7) - X(2) = (7^3 + 4 \cdot 7) - (2^3 + 4 \cdot 2) = 355$$

Wie oben schon erwähnt, sind Stammfunktionen nur für einfache Funktionen berechenbar. In der Regel wird man daher bestimmte Integrale approximativ mit Summen bestimmen. Dazu folgt mehr im Abschn. 4.6.

Mit Theorem 4.3 können Rechenregeln zum bestimmten Integral aufgestellt werden. So ist für $a < b < c$:

$$\int_a^b x(\tau)\, d\tau + \int_b^c x(\tau)\, d\tau = (X(b) - X(a)) + (X(c) - X(b)) = X(c) - X(a)$$

Daher folgt die Gleichung:

$$\int_a^b x(\tau)\, d\tau + \int_b^c x(\tau)\, d\tau = \int_a^c x(\tau)\, d\tau$$

Beispielsweise ist

$$\int_2^4 (3 \cdot t^2 + 4)\, dt + \int_4^7 (3 \cdot t^2 + 4)\, dt = \int_2^7 (3 \cdot t^2 + 4)\, dt$$

Die Summe von 2 bis 7 rechts des Gleichheitszeichens erhält man, indem man die zwei Summen von 2 bis 4 und von 4 bis 7 addiert.

Mit den Regeln zur Ableitung, wie der Produktregel oder der Kettenregel (vgl. Mathematik 1 Bd. 1, [1]), mit Theorem 4.3 und mit dem Hauptsatz der Infinitesimalrechnung kann man die folgenden Rechengesetze beweisen:

Theorem 4.4 (Rechenregeln zum bestimmten Integral) *Das bestimmte Integral ist* linear:

$$\int_a^b (x(t) + y(t))\, dt = \int_a^b x(t)\, dt + \int_a^b y(t)\, dt, \quad \int_a^b C \cdot x(t)\, dt = C \cdot \int_a^b x(t)\, dt$$

Das bestimmte Integral von Produkten kann man durch partielle Integration *umformen:*

$$\int_a^b u'(t) \cdot v(t)\, dt = u(b) \cdot v(b) - u(a) \cdot v(a) - \int_a^b u(t) \cdot v'(t)\, dt$$

Beim bestimmten Integral kann die Variable t im Integranden zur Variablen $s = g(t)$ *transformiert werden. Es gilt die* Substitutionsregel:

$$\int_a^b x(g(t)) \cdot g'(t)\, dt = \int_{g(a)}^{g(b)} x(s)\, ds$$

Die letzte Regel besagt, dass wir $g(t)$ durch s und das Produkt $g'(t) \cdot dt$ mit dem Differenzial $ds = g'(t) \cdot dt$ substituieren können. Dazu müssen wir die Grenzen des Integrals von Werten in t zu Werten in $s = g(t)$ ändern.

Die Rechenregeln helfen, komplexe Ausdrücke von Integralen zu vereinfachen. Einen Beweis der Regeln findet man in [2]. Ein Beispiel zur Substitutionsregel ist:

Beispiel 4.11 *(Substitutionsregel)* Gegeben sei das bestimmte Integral

$$\int_4^9 t \cdot \cos(t^2 + 1) \, dt$$

Die Variable t im Integranden soll zu s mit $s = g(t) = t^2 + 1$ transformiert werden. Damit wird der Integrand einfacher. Das Differenzial von $s = t^2 + 1$ ist $ds = 2 \cdot t \cdot dt$. Damit ist $t \cdot dt = ds/2$. Dies substituieren wir in das bestimmte Integral und ändern zudem die Grenzen von t auf s:

$$\int_4^9 t \cdot \cos(t^2 + 1) \, dt = \int_{g(4)}^{g(9)} 0{,}5 \cdot \cos(s) \, ds = 0{,}5 \cdot \int_{17}^{82} \cos s \, ds$$

Das Integral rechts kann man symbolisch ausrechnen, weil $\sin s$ eine Stammfunktion von $\cos s$ ist. Man erhält $0{,}5 \cdot (\sin 82 - \sin 17) = 0{,}637$.

4.5   Kinematik: Die Weg- und die Geschwindigkeitsfunktion

Die zwei wichtigsten Größen, um bewegte Objekte zu beschreiben, sind die Wegfunktion $s = s(t)$ und die Geschwindigkeitsfunktion $v = v(t)$. Die Geschwindigkeitsfunktion kann man aus der Wegfunktion mit der Ableitung berechnen:

$$v(t) = \frac{ds}{dt}$$

Man kann die Geschwindigkeit am Graph von $s = s(t)$ ablesen. Die Geschwindigkeit v zum Zeitpunkt t_* ist gleich der Steigung der Tangente am Graph von $s = s(t)$ zum Zeitpunkt t_*. Abb. 4.8 illustriert dies.

Abb. 4.8 Die Geschwindigkeit $v(t_*)$ als Steigung der Tangente am Graph der Wegfunktion $s = s(t)$

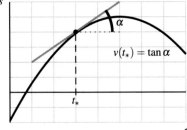

Abb. 4.9 Der zurückgelegte
Weg als Fläche

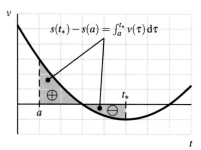

Mit dem Hauptsatz der Infinitesimalrechnung kann man umgekehrt aus der Geschwindigkeitsfunktion – und einem Anfangsort $s(a)$ – die Wegfunktion berechnen:

$$s(t) = s(a) + \int_a^t v(\tau)\,d\tau$$

Abb. 4.9 illustriert, wie man mit Hilfe einer Fläche (mit Vorzeichen) den zurückgelegten Weg $s(t_*) - s(a)$ zwischen dem Zeitpunkten a und t_* bestimmen kann.

Beispiel 4.12 (Fallender Stein) Beim Beispiel 4.1 ist die Geschwindigkeit $v = v(t)$ eines herabfallenden Steins gesucht. Man hat

$$\frac{dv}{dt} = g = 9{,}81 \text{ m/s}^2$$

Ist die Anfangsgeschwindigkeit $v(0\,\text{s}) = 0\,\text{m/s}$, so lautet die Geschwindigkeitsfunktion

$$v(t) = v(0\,\text{s}) + \int_0^t g\,d\tau = 0\,\text{m/s} + (g \cdot t - g \cdot 0\,\text{s}) = g \cdot t$$

Dabei wird benutzt, dass $g \cdot t$ eine Stammfunktion von g ist. Die Fallstrecke ist, wenn $s(0\,\text{s}) = 0\,\text{m}$ ist,

$$s(t) = s(0\,\text{s}) + \int_0^t g \cdot \tau\,d\tau = 0\,\text{m} + \left(g \cdot \frac{t^2}{2} - g \cdot \frac{(0\,\text{s})^2}{2}\right) = 0{,}5 \cdot g \cdot t^2$$

Abb. 4.10 zeigt links den Graph von $v = v(t)$ und rechts den Graph der Fallstrecke $s = s(t)$.

4.6   Schnelles numerisches Integrieren

Das bestimmte Integral ist der Grenzwert $s = \lim_{n\to\infty} s_n$ von Riemann'schen Summen s_1, s_2, …. Dabei konvergiert die Folge linear: der Fehler der Approximation ist proportional zu Δt. Dies ist keine schnelle Konvergenz. Die meisten Algorithmen, um bestimmte Integrale

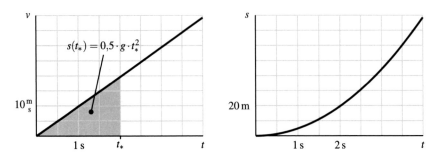

Abb. 4.10 Graph der Geschwindigkeit $v = v(t)$ (links) und Graph der Fallstrecke $s = s(t)$

zu berechnen, beruhen auf der Definition der Fläche als bestimmtes Integral (siehe Abb. 4.6). Diese Fläche kann approximativ mit Rechtecksflächen mit konstanter Breite – man spricht von der *Rechtecksregel* (engl. *rectangle rule*) – wie in Abb. 4.7 berechnet werden. Aus der Grafik sieht man: in der rechten Hälfte ist der Graph der Funktion sehr steil und damit decken die gewählten Rechtecke die Fläche nicht genau ab. In der linken Hälfte der Grafik ist die Approximation viel besser. Eine Rechtecksregel, die die Breite der Rechtecke an die Steigung der Funktion anpasst, nennt man *adaptiv*.

Es gibt eine andere, einfachere Art, die Konvergenzgeschwindigkeit zu erhöhen. Dies geschieht dadurch, dass man die Rechtecke durch Trapeze ersetzt. Man spricht von der *Trapezregel* (engl. *trapezoidal rule*). Wie dies für eine Funkion $y = y(t)$ gemacht wird, zeigt Abb. 4.11. Die Strecke zwischen a und b wird in der Abbildung in $2^2 = 4$ Teile zerlegt und darüber werden Trapeze mit der Breiten $\Delta t = (b - a)/2^2$ gebildet. Die Trapezflächen berechnet man mit der Formel

$$F_{\text{Trapez}} = \frac{\text{linke Höhe} + \text{rechte Höhe}}{2} \cdot \Delta t$$

Hier ein Beispiel dazu:

Abb. 4.11 Das bestimmte Integral $\int_a^b y(t)\, dt$ approximiert mit einer Summe von Trapezflächen der Breite Δt

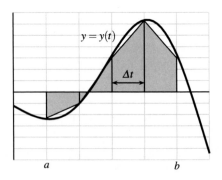

Beispiel 4.13 In Beispiel 4.8 wird das bestimmte Integral

$$\int_2^{10} t^2 \cdot \sin t \, dt$$

mit der Rechtecksregel mit $\Delta t = 0,25$ berechnet. Man erhält den Wert 73,6. Der exakte Wert des Integrals ist 66,88. Mit MATLAB können wir die Trapezregel mit $\Delta t = 0,25$ wie folgt implementieren:

```
matlab> syms t;
matlab> x(t) = t^2*sin(t);
matlab> tLinks = 2:0.25:9.75; tRechts = 2.25:0.25:10;
matlab> summe = sum( (x(tLinks)+x(tRechts))/2*0.25 );
matlab> vpa(summe,6)
   ans =
       66.3745
```

Wir erhalten für das Integral den Wert von 66,37. Die Approximation ist deutlich besser. Mit Julia können Sie wie folgt rechnen:

```
julia> x(t) = t^2*sin(t)
julia> tLinks = collect(2:0.25:9.75)
julia> tRechts = collect(2.25:0.25:10)
julia> sum( (x.(tLinks)+x.(tRechts))/2*0.25 )
   66.37447509308947
```

Bei einer linear verlaufenden Funktion kann mit der Rechtecksregel das bestimmte Integral nicht genau berechnet werden. Kleine Dreiecksflächen bleiben ausgespart. Mit der Trapezmethode entstehen bei einer solchen Funktion keine Aussparungen. Daher ist es nicht wichtig, wie steil der Graph der zu integrierenden Funktion ist, um den Approximationsfehler klein zu halten. Es ist wesentlich, wie sich die Änderungsrate der Funktion ändert. Daher hängt die Konvergenzgeschwindigkeit von der zweiten Ableitung der zu integrierenden Funktion ab. Allgemein kann man zeigen (für einen Beweis siehe [3]):

Theorem 4.5 (Konvergenz Trapezregel) *Wenn man das bestimmte Integral*

$$\int_a^b y(t) \, dt$$

mit der Trapezregel mit Breiten Δt berechnet, so gilt die folgende Fehlerabschätzung

$$Fehler \leq \frac{b-a}{12} \cdot \max_{a \leq t \leq b} |y''(t)| \cdot (\Delta t)^2$$

Die Konvergenz der Trapezregel ist quadratisch. Dies ist besser als die lineare Konvergenz bei der Rechtecksregel.

Beispiel 4.14 (Bestimmtes Integral mit der Trapezregel berechnen) Das bestimmte Integral

$$\int_2^{10} t^2 \cdot \sin t \, dt$$

soll mit der Trapezregel berechnet werden. Die zweite Ableitung von $y = y(t) = t^2 \cdot \sin t$ ist $y''(t) = 2\sin t + 4t \cdot \cos t - t^2 \cdot \sin t$. Den Maximalwert von $|y''(t)|$ für t zwischen 2 und 10 können wir mit einer Wertetabelle und Julia bestimmen:

```
julia> d2ydt2(t) = abs(2*sin(t)+4*t*cos(t)-t^2*sin(t))
julia> t = 2:0.001:10; findmax(d2ydt2.(t))
  (76.56606959312549, 6510)
```

Die Notation d2ydt2.(t) mit dem Punkt wertet die Funktion d2ydt2 für jede Komponente von t aus. Der Maximalwert beträgt also 76,5661. Der Fehler mit der Trapezregel ist daher maximal

$$\frac{10-2}{12} \cdot 76{,}5661 \cdot (\Delta t)^2 = 51{,}044 \cdot (\Delta t)^2$$

Um daher das Integral auf zwei Stellen nach dem Komma zu berechnen, sollte man

$$51{,}044 \cdot (\Delta t)^2 = 10^{-2}$$

setzen. Aufgelöst nach Δt erhält man $\Delta t = 0{,}014$. Daher sind $8/0{,}014 = 571$ Trapezflächen zu addieren.

Beispiel 4.15 (Ein numerisches Beispiel) Eine Person misst im Abstand von 0,5 s die Geschwindigkeit v eines Fahrzeugs. Tab. 4.1 zeigt die gemessenen Werte während 3 s. Die vom Fahrzeug zurückgelegte Strecke Δs beträgt

$$\Delta s = s(3\,\mathrm{s}) - s(0\,\mathrm{s}) = \int_{0\,\mathrm{s}}^{3\,\mathrm{s}} v(t) \, dt$$

Wir werten das bestimmte Integral mit der Rechtecksregel und $\Delta t = 0{,}5\,\mathrm{s}$ aus:

$$\Delta s \approx 2{,}1\,\frac{\mathrm{m}}{\mathrm{s}} \cdot 0{,}5\,\mathrm{s} + 4{,}5\,\frac{\mathrm{m}}{\mathrm{s}} \cdot 0{,}5\,\mathrm{s} + 3{,}7\,\frac{\mathrm{m}}{\mathrm{s}} \cdot 0{,}5\,\mathrm{s} + \cdots + 5{,}3\,\frac{\mathrm{m}}{\mathrm{s}} \cdot 0{,}5\,\mathrm{s} = 12{,}9\,\mathrm{m}$$

Tab. 4.1 Messung der Geschwindigkeit v eines Fahrzeugs

Zeit t in s	0,0	0,5	1,0	1,5	2,0	2,5	3,0
Geschwindigkeit v in m/s	2,1	4,5	3,7	4,6	5,6	5,3	6,5

Mit der Trapezregel erhalten wir

$$\Delta s \approx \frac{2,1+4,5}{2}\frac{\text{m}}{\text{s}} \cdot 0,5\,\text{s} + \frac{4,5+3,7}{2}\frac{\text{m}}{\text{s}} \cdot 0,5\,\text{s} + \cdots + \frac{5,3+6,5}{2}\frac{\text{m}}{\text{s}} \cdot 0,5\,\text{s} = 14,0\,\text{m}$$

Bei der Trapezregel fließt der letzte Messwert von 6,5 m/s in die Rechnung ein. Bei der Rechtecksregel ist dies nicht der Fall.

Die Rechtecks- und die Trapezregel sind Spezialfälle einer größeren Familie von Integrations- oder Quadraturformeln, den sogenannten *Newton-Cotes-Formeln*. Mehr dazu findet man in [3]. In MATLAB implementiert `integral` und in Julia `quadgk` eine dieser Formeln. Um das Integral

$$\int_2^{10} t^2 \cdot \sin t \, dt$$

mit MATLAB mit einer Präzision von $\pm 10^{-5}$ zu berechnen, können Sie wie folgt vorgehen:

```
matlab> syms t;
matlab> y(t) = t^2*sin(t);
matlab> integral(@(t) double(y(t)),2,10, 'AbsTol', 1e-5)
    ans =
      66.8791
```

Das bestimmte Integral hat also den Wert 66,8791. Mit Julia können wir das obige Integral wie folgt numerisch bestimmen:

```
julia> using QuadGK
julia> y(t) = t^2*sin(t)
julia> quadgk(y, 2, 10, atol = 1e-5)
    (66.87910425130791, 1.809927141493972e-8)
```

Die erste Zahl zeigt den Wert des Integrals. Die zweite Zahl gibt eine Grenze für den absoluten Fehler an.

Aufgaben

4.1 Ein Körper wird aus einer Höhe von $H = 50$ m fallen lassen. Nach wie vielen Sekunden trifft der Körper auf den Boden auf? Um wie viele Sekunden verkürzt eine Anfangsgeschwindigkeit von $v_0 = 3$ m/s die Fallzeit? Wie groß muss die Anfangsgeschwindigkeit sein, um die Fallzeit zu halbieren?

4.2 Modellieren Sie mit einer Differenzialgleichung 1. Ordnung die Fallgeschwindigkeit $v(t)$ eines Fallschirmspringers. (*Hinweis:* Auf den Fallschirmspringer wirken zwei Kräfte: die Gravitations- und die Luftwiderstandskraft, die circa proportional zur Fallgeschwindigkeit im Quadrat ist). Wie lautet die Anfangsbedingung?

4.3 Erraten Sie Stammfunktionen von $x(t) = \exp(t)$, $y(t) = a \cdot t^2 + b \cdot t$, $z(x) = 4 \cdot x^3 + \sqrt{x}$ und $q(u) = \sin u$. Überprüfen Sie die Resultate mit einem Taschenrechner, mit MATLAB oder mit Julia.

4.4 Lösen Sie die folgenden Anfangswertprobleme mit Hilfe von Stammfunktionen: (a) $y'(t) = \sin t$ mit $y(0) = 5$ und (b) $z'(t) = t^4$ mit $z(3) = 7$.

4.5 Lösen Sie die folgenden Anfangswertprobleme mit Hilfe einer Stammfunktion, ohne einen Rechner zu benutzen: (a) $f'(x) = x^3$ mit $f(0) = 3$, (b) $g'(t) = \exp(t)$ mit $g(2) = 10$, (c) $s'(t) = 1 + t^2 - \sin t$ mit $s(1) = 0$.

4.6 Ein Fahrzeug bewegt sich entlang der x-Achse. Zum Zeitpunkt $t = 2$ s befindet es sich bei $x = 10$ m. Die Geschwindigkeit $v(t)$ des Fahrzeugs beträgt

$$v(t) = a \cdot t^2 + b \cdot t$$

mit $a = 4 \, \text{m/s}^3$ und $b = -1 \, \text{m/s}^2$.

(a) Wie lautet das Anfangswertproblem für die Wegfunktion $s = s(t)$ des Fahrzeugs?
(b) Lösen Sie das Anfangswertproblem für die Wegfunktion $s = s(t)$ mit Stammfunktionen. Wo befindet sich das Fahrzeug zum Zeitpunkt $t = 10$ s?

4.7 Von einem Federpendel kennt man die Geschwindigkeit $v = v(t) = A \cdot \sin(\omega \cdot t + \varphi)$ mit $a = 5 \, \text{m/s}$, $\omega = 3 \, \text{s}^{-1}$ und $\varphi = 0{,}6$ für $t \geq 0$ s. Bestimmen Sie die Auslenkung $s = s(t)$ des Pendels, wenn $s(0 \, \text{s}) = 0{,}7$ m ist. Zeichnen Sie die Graphen von $v = v(t)$ und $s = s(t)$ (Sie werden feststellen, dass die Auslenkung auch eine harmonische Schwingung ist). Zeichnen Sie die Nullzeiger von $v = v(t)$ und $s = s(t)$. Wie stehen die Nullzeiger zueinander?

4.8 Ein Fahrzeug bewegt sich entlang einer Achse. Zum Zeitpunkt $t = 0$ s besitzt es eine Geschwindigkeit von $7 \, \text{cm/s}$. Die Beschleunigung $a = a(t)$ des Fahrzeugs beträgt

$$a = a(t) = \alpha \cdot (1 + \exp(-\beta \cdot t))$$

mit $\alpha = 4 \, \text{cm/s}^2$ und $\beta = 0{,}5 \, \text{s}^{-1}$.

(a) Wie lautet die Differenzialgleichung für die unbekannte Geschwindigkeitsfunktion $v = v(t)$? Was ist die Anfangsbedingung?
(b) Berechnen Sie $v = v(t)$ mit Stammfunktionen und mit Hilfe von MATLAB oder Julia.
(c) Plotten Sie mit MATLAB oder mit Julia die Graphen von $a = a(t)$ und $v = v(t)$ für t zwischen 0 s und 30 s.

4.9 Bestimmen Sie Stammfunktionen der Funktionen $x(t) = \cos(2t) + 3\sin t$, $y(t) = 8t^3 - 6\sqrt{t} + 1/t$ und $z(x) = x^3 \cdot \cos x$ mit einem Taschenrechner, mit MATLAB oder mit Julia.

4.10 Gegeben ist das AWP für die unbekannte Funktion $u = u(t)$:

$$\frac{\mathrm{d}u}{\mathrm{d}t} = \cos t$$

mit der Anfangsbedingung $u(0) = 1$. Der Wert $u(\pi)$ der Funktion $u = u(t)$ soll bestimmt werden. Der Hauptsatz der Infinitesimalrechnung besagt, wie $u(\pi)$ lautet:

$$u(\pi) = u(0) + \int_0^\pi \cos t \, \mathrm{d}t$$

(a) Bestimmen Sie ungefähr $u(\pi)$, indem Sie $\Delta t = \pi/2$ wählen und das Integral mit zwei Rechtecksflächen approximieren.
(b) Führen Sie die gleiche Aufgabe wie (a) durch. Benutzen Sie aber nun vier Rechtecksflächen.
(c) Benutzen Sie acht Rechtecksflächen, um das bestimmte Integral approximativ zu bestimmen. Wie lautet nun $u(\pi)$ approximativ?
(d) Berechnen Sie approximativ das Integral mit 2^{10} Rechtecksflächen. Benutzen Sie dazu MATLAB oder Julia.

4.11 Wie lautet $\alpha(t)$ mit einem bestimmten Integral, wenn $\mathrm{d}\alpha/\mathrm{d}t = \beta(t)$ mit $\alpha(5) = 7$ ist?

4.12 Eine Maschine erzeugt eine Leistung $P = P(t)$, die für $t \geq 2\,\mathrm{s}$ durch

$$P = P(t) = \frac{2000\,\mathrm{J}}{t}$$

gegeben ist. Die Leistung $P(t)$ ist die Änderungsrate $\mathrm{d}E/\mathrm{d}t$ der geleisteten Energie $E = E(t)$. Zum Zeitpunkt $t = 2\,\mathrm{s}$ sei die geleistete Energie der Maschine $100\,\mathrm{J}$.

(a) Wie lautet das AWP für die geleistete Energie $E = E(t)$ der Maschine?
(b) Schreiben Sie eine Formel, die die Energie $E = E(t)$ in Funktion von $P = P(t)$ angibt.
(c) Lösen Sie das AWP mit Hilfe einer Stammfunktion, um $E = E(t)$ zu bestimmen.
(d) Zeichnen Sie die Graphen von $P = P(t)$ und von $E = E(t)$.

4.13 Berechnen Sie die folgenden bestimmten Integrale symbolisch mit Stammfunktionen:

(a) $\displaystyle\int_0^5 \exp t \, \mathrm{d}t$ (b) $\displaystyle\int_1^2 (at^2 + bt)\,\mathrm{d}t$ (c) $\displaystyle\int_5^9 (t^3 + \sqrt{t})\,\mathrm{d}t$ (d) $\displaystyle\int_0^\pi \sin x \, \mathrm{d}x$

Kontrollieren Sie Ihre Resultate mit einem Taschenrechner, mit MATLAB oder mit Julia.

4.14 Vereinfachen Sie die folgenden Ausdrücke und stellen Sie sie als ein Integral dar:

$$\int_3^6 y(t)\,dt + \int_6^7 y(t)\,dt, \quad \int_5^{10} a(x)\,dx - \int_5^7 a(x)\,dx, \quad \int_a^b g(t)\,dt - \int_a^{a+c} g(t)\,dt$$

4.15 Berechnen Sie die folgenden bestimmten Integrale ohne Computer. Benutzen Sie dazu die Substitutionsregel:

(a) $\displaystyle\int_0^1 \frac{3t^2 + 2}{(t^3 + 2t + 1)^6}\,dt$ (Substitution: $s = t^3 + 2t + 1$)

(b) $\displaystyle\int_1^3 8x \cdot \sqrt{x^2 + 4}\,dx$ (Substitution: $s = x^2 + 4$)

Kontrollieren Sie Ihre Resultate mit einem Taschenrechner, mit MATLAB oder mit Julia.

4.16 Bestimmen Sie approximativ das Integral

$$\int_0^\pi \sin(t^2)\,dt$$

mit der Rechtecksregel, indem Sie den Bereich zwischen 0 und π in vier Teile zerlegen. Wie lautet das Resultat, wenn Sie die Trapezregel benutzen? Berechnen Sie mit MATLAB oder mit Julia approximativ das Integral mit 2^8 Trapezflächen. Vergleichen Sie die Resultate mit den Werten, die (a) Ihr Taschenrechner, (b) MATLAB mit `integral()` oder (c) Julia mit `quadgk()` liefern.

4.17 Bestimmen Sie approximativ das Integral

$$\int_4^8 \ln t \cdot \sin t\,dt$$

mit der Rechtecksregel, indem Sie den Bereich zwischen 4 und 8 in acht Teile zerlegen. Was erhalten Sie, wenn Sie dabei die Trapezregel verwenden? Vergleichen Sie die Resultate mit den Werten, die Ihr Taschenrechner, MATLAB oder Julia liefern.

4.18 Berechnen Sie die notwendige Breite Δt der Trapeze, wenn Sie die folgenden bestimmten Integrale mit der Trapezregel mit einer Präzision von $\pm 10^{-6}$ berechnen sollen:

(a) $\displaystyle\int_0^5 \frac{1}{1 + (t - \pi)^2}\,dt$ (b) $\displaystyle\int_0^\pi e^t \cos t\,dt$ c) $\displaystyle\int_{0,001}^1 \sin(1/t)\,dt$

Bestimmen Sie die Integrale anschließend mit MATLAB oder mit Julia.

Tab. 4.2 Messung der Geschwindigkeit v eines Fahrzeugs

Zeit (in Sekunden)	0	10	20	30	40	50	60	70	80	90	100	110
Geschwindigkeit (in km/h)	30	35	21	1	-12	-8	20	34	44	65	43	10

Tab. 4.3 Messung der Position s eines Fahrzeugs

Zeit t (in Sekunden)	0,0	0,5	1,0	1,5	2,0	2,5	3,0	3,5	4,0	4,5	5,0
Position s (in Meter)	2,0	2,1	2,7	2,8	3,3	2,9	2,5	3,0	4,0	4,2	6,4

4.19 Tab. 4.2 zeigt die gemessenen Geschwindigkeiten eines Fahrzeugs während 110 Sekunden. Bestimmen Sie mit der Rechtecksregel und der Trapezregel den Weg, den das Fahrzeug in der beobachteten Zeitperiode zurückgelegt hat.

4.20 Ein Fahrzeug fährt während 5 s eine Strecke. Tab. 4.3 zeigt die dabei gemessenen Positionen $s = s(t)$ des Fahrzeugs. Berechnen Sie die Geschwindigkeit $v = v(t)$ des Fahrzeugs, indem Sie für die Approximation $v \approx \Delta s / \Delta t$ die Zeitdifferenz $\Delta t = 0,5$ s wählen.

4.21 Abb. 4.12 zeigt den Verlauf der Geschwindigkeit $v = v(t)$ eines Fahrzeugs während 4 Sekunden. Man weiss, dass zum Zeitpunkt $t = 0$ s die Position des Wagens 6 m ist. Daher ist

$$s(4\,\text{s}) = 6\,\text{m} + \int_{0\,\text{s}}^{4\,\text{s}} v(\tau)\,\mathrm{d}\tau$$

Bestimmen Sie $s(4\,\text{s})$ approximativ mit der Rechtecks- und der Trapezregel, indem Sie $\Delta t = 0,5$ s wählen.

Abb. 4.12 Geschwindigkeit $v = v(t)$ eines Fahrzeugs

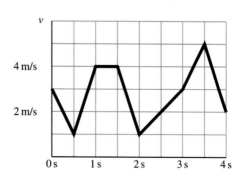

Abb. 4.13 Das bestimmte
Integral $\int_a^b y(t)\,dt$
approximiert mit einer Summe
von Parabelflächen

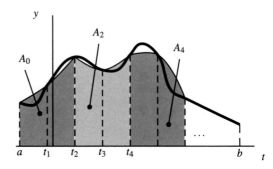

4.22 Das bestimmte Integral $\int_a^b y(t)\,dt$ kann man approximativ mit der *Simpson-Regel* berechnen. Dabei wird der Graph der Funktion $y = y(t)$ durch Parabel-Bögen ersetzt. Dazu zerlegt man die Strecke von a nach b in n-gleiche Teile der Länge $\Delta t = (b-a)/n$ mit einer geraden Zahl n (siehe Abb. 4.13).

Die Flächen A_i unter den Parabel-Bögen werden mit der Formel

$$A_i = \frac{\Delta t}{6} \cdot \{y(t_i) + 4 \cdot y(t_{i+1}) + y(t_{i+2})\}$$

berechnet. So lautet die erste dunkelgraue Fläche A_0:

$$A_0 = \frac{\Delta t}{6} \cdot \{y(a) + 4 \cdot y(t_1) + y(t_2)\}$$

Das Integral berechnet man nun approximativ mit der Formel

$$\int_a^b y(t)\,dt \approx A_0 + A_2 + A_4 + \cdots + A_{n-2}$$

Implementieren Sie die Simpson-Regel mit einer MATLAB- oder mit einer Julia-Funktion. Der Aufruf der Funktion soll mit `meinSimpson(y,a,b,n)` erfolgen. Testen Sie Ihr Programm, indem Sie das bestimmte Integral

$$\int_0^4 \frac{t}{\sqrt{2t+1}}\,dt = 3,3333$$

mit der Simpsonregel berechnen.

Literatur

1. Bättig, D.: Angewandte Mathematik 1 mit MATLAB und Julia. Springer Vieweg, Heidelberg (2020)
2. Eriksson, K., Estep, D., Johnson, C.: Angewandte Mathematik: Body and Soul, Band 2: Integrale und Geometrie in $\mathbb{R}^n$, Springer Verlag, Berlin, Heidelberg, New York (2004)
3. Quarteroni, A., Sacco, R., Saleri, F.: Numerische Mathematik 1–2. Springer Verlag, Berlin (2002)

Dynamische Systeme 1. Ordnung

5

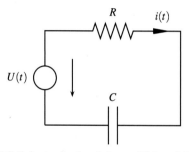

Ein RC-Schwingkreis mit Input U(t) und Output i(t)

Zusammenfassung

Viele dynamische Systeme können mit gewöhnlichen Differenzialgleichungen 1. Ordnung modelliert werden. Einfachere, in der Regel- und Elektrotechnik benutzte Systeme, führen zu linearen Differenzialgleichungen 1. Ordnung. Es wird gezeigt, wie diese mit der Methode von Duhamel gelöst werden. Als Lösungen entstehen Exponentialfunktionen. Mit ihnen kann man beurteilen, ob die Systeme stabil oder instabil sind.

5.1 Dynamische Systeme: Eingang, Ausgang

Im Folgenden werden verschiedene Systeme vorgestellt, die mit linearen Differenzialgleichungen 1. Ordnung beschrieben werden. Dabei will man wissen, wie die Systeme auf Eingangsgrößen reagieren. Wie dies gemacht wird, wird an Beispielen aus der Mechanik, der Elektrotechnik und der Physik nun vorgestellt.

© Springer-Verlag GmbH Deutschland, ein Teil von Springer Nature 2021
D. Bättig, *Angewandte Mathematik 2 mit MATLAB und Julia,*
https://doi.org/10.1007/978-3-662-62207-0_5

Das Bewegungsgesetz von Newton besagt, wie feste Körper sich wegen einwirkender Kräfte $F = F(t)$ bewegen. Ist m die konstante Masse eines Körpers und $v = v(t)$ seine Geschwindigkeit zum Zeitpunkt t, so sagt das Gesetz

$$\text{Masse} \times \text{Beschleunigung} = m \cdot \frac{\mathrm{d}v}{\mathrm{d}t} = F(t)$$

Der Körper reagiert also auf die Kraft $F(t)$, indem er seine Geschwindigkeit $v(t)$ ändert. Man sagt auch, dass die Kraft die *Eingangsgröße* (engl. *input*) des Systems ist. Die Geschwindigkeit nennt man hier die *Ausgangsgröße* (engl. *output*) oder die *Antwort* (engl. *response*) des Systems. Das System wird dabei durch die Differenzialgleichung 1. Ordnung beschrieben. Abb. 5.1 zeigt dies schematisch. Ein Beispiel dazu ist:

Beispiel 5.1 (Wagen mit Reibung) Ein Eisenbahnwagen mit einer Masse m werde durch eine Lokomotive mit einer Kraft $F = F(t)$ angetrieben. Die Reibung zwischen Rädern und Geleisen bewirkt, dass eine gegen die Fahrtrichtung wirkende Kraft auf den Wagen wirkt, die proportional zur Geschwindigkeit $v = v(t)$ des Wagens ist. Mit dem Bewegungsgesetz von Newton schließen wir:

$$m \cdot \frac{\mathrm{d}v}{\mathrm{d}t} = \text{Summe der Kräfte auf Wagen} = F(t) - \mu_{\text{Reibung}} \cdot v(t)$$

Dies ist eine Differenzialgleichung 1. Ordnung für die Geschwindigkeit $v = v(t)$ des Eisenbahnwagens. Die Eingangsgröße des Systems ist die Kraft $F = F(t)$. Die Antwort ist die Geschwindigkeit $v = v(t)$.

Üblich ist es, die Differenzialgleichung so zu schreiben, dass die linke Seite nur aus der Ableitung $\mathrm{d}v/\mathrm{d}t$ besteht:

$$\frac{\mathrm{d}v}{\mathrm{d}t} = -\frac{\mu_{\text{Reibung}}}{m} \cdot v(t) + \frac{F(t)}{m} = \lambda \cdot v(t) + \frac{1}{m} \cdot F(t)$$

Dabei ist $\lambda = -\mu_{\text{Reibung}}/m$ der Quotient aus dem Reibungskoeffizienten und der Masse des Wagens. Die rechte Seite der Gleichung ist eine affine Funktion der Antwort v der Form $\lambda \cdot v(t) + \{\dots\}$. Dabei hängt der Klammerausdruck $\{\dots\}$ nicht von $v = v(t)$ ab. Eine solche Differenzialgleichung nennt man *linear*. Den Faktor λ nennt man den *Koeffizienten* der Dif-

Abb. 5.1 Ein dynamisches System mit Eingangsgröße Kraft F und Ausgangsgröße Geschwindigkeit v

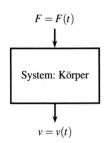

ferenzialgleichung. Den Summand mit der Eingangsgröße bezeichnet man als den *Störterm* oder den *inhomogenen Teil* (engl. *nonhomogeneous part*) der Differenzialgleichung.

Um die Geschwindigkeit $v = v(t)$ zu berechnen, benötigt man eine Anfangsbedingung. Zum Zeitpunkt $t = 0\,$s sei der Wagen im Stillstand: $v(0\,$s$) = 0\,$m/s. Man kann dann die Antwort $v = v(t)$ des Systems mit der Methode von Duhamel berechnen. Dies wird im Abschn. 5.2 gezeigt.

Beispiel 5.2 (RC-Schwingkreis) Abb. 5.2 zeigt einen *RC*-Schwingkreis. Dies ist ein elektrischer Schwingkreis mit einer Spannungsquelle $U = U(t)$, einem Widerstand R und einem Kondensator mit Kapazität C. Für den Strom $i = i(t)$ gilt nach dem Ohm'schen Gesetz die Differenzialgleichung 1. Ordnung:

$$R \cdot \frac{\mathrm{d}i}{\mathrm{d}t} + \frac{1}{C} \cdot i(t) = \frac{\mathrm{d}U}{\mathrm{d}t}$$

Wie reagiert der Strom $i = i(t)$ auf die angelegte Spannung $U = U(t)$? Die Eingangsgröße des Systems ist in diesem Fall die Spannungsquelle $U = U(t)$. Die Antwort ist der im Schwingkreis fließende Strom $i = i(t)$.

Es ist ratsam, notierte Differenzialgleichungen zu kontrollieren. Ein guter Test ist dabei, die physikalischen Einheiten zu überprüfen. Bei der obigen Differenzialgleichung sind die Einheiten auf der linken Seite:

$$\Omega \cdot \frac{\mathrm{A}}{\mathrm{s}} + \frac{1}{\mathrm{F}} \cdot \mathrm{A} = \frac{\mathrm{A}}{\mathrm{s}} \cdot \frac{\mathrm{V}}{\mathrm{A}} + \frac{\mathrm{V}}{\mathrm{C}} \cdot \mathrm{A} = \frac{\mathrm{V}}{\mathrm{s}} + \frac{\mathrm{V}}{\mathrm{s} \cdot \mathrm{A}} \cdot \mathrm{A} = \frac{\mathrm{V}}{\mathrm{s}}$$

Die rechte Seite der Differenzialgleichung hat die Einheit V/s. Die Einheiten links und rechts der Gleichung sind also gleich.

Die Differenzialgleichung ist linear, weil die Ableitung $\mathrm{d}i/\mathrm{d}t$ der Antwort eine affine Funktion von $i = i(t)$ ist:

$$\frac{\mathrm{d}i}{\mathrm{d}t} = -\frac{1}{R \cdot C} \cdot i(t) + \frac{1}{R} \cdot \frac{\mathrm{d}U}{\mathrm{d}t} = \lambda \cdot i(t) + \{\dots\}$$

Der Koeffizient λ ist $-1/(R \cdot C)$. Der Störterm $\{\dots\}$ ist das Produkt von $1/R$ mit der Ableitung $\mathrm{d}U/\mathrm{d}t$ der Eingangsgröße.

Abb. 5.2 Ein RC-Schwingkreis

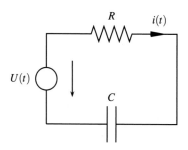

Beispiel 5.3 (Wärmeleitung nach Fourier) Zu Beginn des Kapitels 4 wurde das Modell von Fourier vorgestellt, um die Temperatur $T = T(t)$ eines Materials in Funktion der Zeit t zu beschreiben. Es lautet

$$\lambda \cdot \frac{dT}{dt} = \text{Wärmefluss}$$

Wenn der Wärmefluss null ist, ist die Ableitung dT/dt null. Dann bleibt die Temperatur $T = T(t)$ konstant.

Wir betrachten jetzt ein Zimmer eines Hauses, in dem die Luft durch eine Heizung mit einer Rate von $2\,°C/h$ aufgewärmt wird. Zudem fließt Wärme vom Zimmer weg an die Außenluft, die konstant gleich $5\,°C$ ist. Nach Fourier gilt für die Lufttemperatur $T = T(t)$ des Zimmers die folgende Differenzialgleichung 1. Ordnung:

$$T'(t) = 2\,°C/h - \text{Wärmeabfluss aus dem Zimmer}$$

Es ist üblich, den Wärmeabfluss proportional zur Temperaturdifferenz zwischen der Innen- und Außenluft zu modellieren. Dies führt zur Gleichung

$$\frac{dT}{dt} = 2\,°C/h - k \cdot \left(T(t) - 5\,°C\right) \tag{5.1}$$

Um die Gleichung zu überprüfen und die Einheit von k zu bestimmen, kontrollieren wir die Einheiten. Die linke Seite der Gleichung hat Einheit $°C/h$. Die Einheiten auf der rechten Seite sind $°C/h + [k] \cdot ° C$. Damit hat die Konstante k die Einheit h^{-1}. Sie beschreibt, wie stark das Zimmer gegen außen isoliert ist. Ist $k = 0\,h^{-1}$, so ist der Wärmefluss aus dem Zimmer null. Das Zimmer ist dann perfekt isoliert.

Wir wollen annehmen, dass $k = 0,5\,h^{-1}$ sei. Dann ist:

$$\frac{dT}{dt} = 2\,°C/h - 0,5\,h^{-1} \cdot \left(T(t) - 5\,°C\right) = \lambda \cdot T(t) + \{\dots\}$$

Die Differenzialgleichung ist linear. Der Koeffizient λ ist $-0,5\,h^{-1}$. Um die Temperatur $T = T(t)$ zu berechnen, benötigen wir eine Anfangsbedingung. Beispielsweise sei $T(0\,h) = 15\,°C$. Man interpretiert in dieser Differenzialgleichung die Stärke der Heiztemperatur $x_1 = x_1(t)$ und die Außentemperatur $x_2 = x_2(t)$ als die Eingangsgrößen des Systems. Die Eingangsgrößen befinden sich im Klammerausdruck $\{\dots\}$. Präziser ist

$$\frac{dT}{dt} = \lambda \cdot T(t) + x_1(t) + 0,5\,h^{-1} \cdot x_2(t)$$

Die gesuchte Antwort des Systems ist die Lufttemperatur $T = T(t)$ des Zimmers. Abb. 5.3 illustriert dies.

Die vorgestellten Beispiele sind Systeme, bei denen eine Eingangsgröße $x = x(t)$ auf eine Ausgangsgröße $y = y(t)$ wirken. Sie sind mit Differenzialgleichungen 1. Ordnung beschrieben. Man sagt, dass $y = y(t)$ durch ein *dynamisches System* 1. Ordnung modelliert

Abb. 5.3 Eingangsgröße
Heiztemperatur und
Außentemperatur, Antwort
Temperatur $T = T(t)$ im Raum

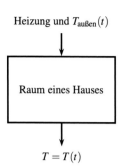

Heizung und $T_{\text{außen}}(t)$

Raum eines Hauses

$T = T(t)$

ist. Ist die Anfangsbedingung $y(0) = y_0$ vorgegeben, so spricht man von einem *AWP* oder einem *Cauchyproblem* für $y = y(t)$.

Ein komplexes dynamisches System 1. Ordnung mit bekannter Eingangsgröße $x = x(t)$ und gesuchter Antwort $y = y(t)$ ist

$$y'(t) = -t \cdot y^2(t) - \sin t + 2 \cdot x(t) + x''(t)$$

Die Differenzialgleichung ist nicht linear. Der Ausdruck auf der rechten Seite der Gleichung ist quadratisch in $y = y(t)$.

5.2 Lineare Differenzialgleichungen und der integrierende Faktor

In der Regel- und in der Elektrotechnik sind lineare Differenzialgleichungen 1. Ordnung für eine Antwort $y = y(t)$ verbreitet. Diese haben die Form

$$y'(t) = \lambda(t) \cdot y(t) + \{\ldots\}$$

Dabei hängt der Klammerausdruck $\{\ldots\}$ – der Störterm – nur von t und der Eingangsgrösse $x = x(t)$ ab. Die bekannte Funktion $\lambda = \lambda(t)$ ist der *Koeffizient* der Differenzialgleichung.

Die Beispiele 5.1, 5.2 und 5.3 sind dynamische Systeme, die mit linearen Differenzialgleichungen 1. Ordnung beschrieben sind. Sie haben alle einen konstanten Koeffizienten λ. Hier ein weiteres Beispiel:

Beispiel 5.4 Die Antwortfunktion $y = y(t)$ mit bekannter Eingangsgröße $x = x(t)$ sei durch die folgende Differenzialgleichung 1. Ordnung gegeben:

$$y'(t) = -\frac{3}{t+1} \cdot y(t) + t \cdot x(t) + 4 \cdot x'(t) - 5 \cdot x''(t)$$

Dies ist eine lineare Differenzialgleichung mit dem Störterm $t \cdot x(t) + 4 \cdot x'(t) - 5 \cdot x''(t)$. Der Koeffizient ist $\lambda = \lambda(t) = -3/(t+1)$.

Bei einer linearen Differenzialgleichung 1. Ordnung mit Eingangsgröße $x = x(t) = 0$ und Anfangsbedingung $y(0) = 0$ hat man

$$y'(t) = \lambda(t) \cdot y(t) \qquad \text{mit} \quad y(0) = 0$$

Man spricht von einem *homogenen linearen System*. Hier ist die Antwort $y = y(t)$ leicht zu erraten. Die Antwort $y(t) = 0$ erfüllt die Differenzialgleichung und die Anfangsbedingung $y(0) = 0$. Man hat damit

Theorem 5.1 *Ein homogenes dynamisches System, werde von außen nicht gestört:* $x = x(t) = 0$. *Dann verbleibt das System in Ruhe: die Antwort ist* $y = y(t) = 0$.

Lineare Differenzialgleichungen 1. Ordnung kann man mit dem Hauptsatz der Infinitesimalrechnung (Theorem 4.2) lösen. Wir betrachten dazu das AWP

$$y'(t) = \lambda(t) \cdot y(t) + \{\dots\} \qquad \text{mit} \quad y(0) = y_0$$

Dabei ist der Koeffizient $\lambda(t)$ eine bekannte Funktion. Den Störterm $\{\dots\}$, der nicht von $y = y(t)$ abhängt, fasst man in einem Ausdruck f zusammen. Dieser hängt, wenn wir uns die Eingangsgröße $x = x(t)$ eingesetzt denken, nur von der Zeit t ab: $f = f(t)$. Damit ist:

$$y'(t) = \lambda(t) \cdot y(t) + f(t) \qquad \text{mit} \quad y(0) = y_0 \tag{5.2}$$

Die Funktionen $\lambda(t)$ und $f(t)$ seien beliebig oft differenzierbar. Um die Differenzialgleichung zu lösen, platzieren wir die Unbekannten $y(t)$ und $y'(t)$ auf der linken Seite der Gleichung:

$$y'(t) - \lambda(t) \cdot y(t) = f(t)$$

Um $y = y(t)$ zu berechnen, formt man die Gleichung weiter um. Man multipliziert sie mit einer Funktion $I = I(t)$, die nie null ist. Damit ändert sich die Lösung der Gleichung nicht. Eine Funktion, die nie null ist, ist eine Exponentialfunktion wie $I(t) = \exp(\mu(t))$. Euler stellte das Folgende fest: Wählt man $\mu = \mu(t)$ geschickt, so kann man die linke Seite als die Ableitung von $I(t) \cdot y(t)$ schreiben. Man nennt eine solche Funktion $I(t) = \exp(\mu(t))$ einen *integrierenden Faktor* (engl. *integrating factor*). Mit dem integrierenden Faktor erhalten wir also die Differenzialgleichung

$$\frac{\mathrm{d}}{\mathrm{d}t} \{I(t) \cdot y(t)\} = I(t) \cdot f(t)$$

Die Gleichung können wir mit Theorem 4.2 lösen:

$$I(t) \cdot y(t) = I(0) \cdot y(0) + \int_0^t I(\tau) \cdot f(\tau) \, \mathrm{d}\tau$$

Weil $I(t) = \exp(\mu(t))$ ist, erhalten wir

$$y(t) = e^{\mu(0)} \cdot y(0) \cdot e^{-\mu(t)} + e^{-\mu(t)} \cdot \int_0^t e^{\mu(\tau)} \cdot f(\tau) \, d\tau \tag{5.3}$$

Die gesuchte Antwort $y = y(t)$ haben wir berechnet, wenn wir die Funktion $\mu = \mu(t)$ bestimmen können. Die Bedingung für $\mu = \mu(t)$ ist

$$I(t) \cdot \left\{ y'(t) - \lambda(t) \cdot y(t) \right\} = \frac{d}{dt}(I(t) \cdot y(t)) \qquad \text{mit} \qquad I(t) = \exp(\mu(t))$$

Wir leiten die rechte Seite mit der Produktregel und der Kettenregel ab:

$$\frac{d}{dt}(I(t) \cdot y(t)) = I(t) \cdot y'(t) + I'(t) \cdot y(t) = I(t) \cdot y'(t) + I(t) \cdot \mu'(t) \cdot y(t)$$

Nun vergleichen wir die beiden letzten Gleichungen: $I(t) \cdot \left\{ y'(t) - \lambda(t) \cdot y(t) \right\} = I(t) \cdot y'(t) + I(t) \cdot \mu'(t) \cdot y(t)$. Es folgt, dass $\mu'(t) = -\lambda(t)$ ist. Wir können $\mu = \mu(t)$ mit Theorem 4.2 bestimmen:

$$\mu(t) = \mu(0) - \int_0^t \lambda(\tau) \, d\tau$$

Um $\mu(t)$ möglichst einfach zu halten, setzen wir $\mu(0) = 0$. Damit ist $\mu(t)$ bestimmt. Aus der Gl. (5.3) folgt:

Theorem 5.2   (Methode von Duhamel) *Die Antwort $y = y(t)$ eines dynamischen Systems werde durch die lineare Differenzialgleichung 1. Ordnung*

$$y'(t) = \lambda(t) \cdot y(t) + f(t)$$

beschrieben. Dabei sind die auftretenden, bekannten Funktionen $\lambda(t)$ und $f(t)$ beliebig oft differenzierbar. Ist die Anfangsbedingung $y(0)$ gegeben, so lautet die Lösung des AWP

$$y(t) = y(0) \cdot e^{\Lambda(t)} + e^{\Lambda(t)} \cdot \int_0^t e^{-\Lambda(\tau)} \cdot f(\tau) \, d\tau$$

Dabei ist

$$\Lambda(t) = \int_0^t \lambda(\tau) \, d\tau$$

Die Methode von Duhamel – auch *Variation der Konstanten* genannt – besagt, wie man lineare Differenzialgleichungen mit bestimmten Integralen lösen kann. Dazu müssen zwei Integrale berechnet werden. Ein erstes, um $\Lambda(t)$ zu bestimmen. Ein zweites, das den Störterm $f(t)$ enthält. In der Regel wird man diese Integrale aber nur für einfachste Funktionen $\lambda(t)$ und Störterme symbolisch rechnen können.

Mit der Formel kann man die Lösungen von linearen Differenzialgleichungen beschreiben. So besagt die Formel, dass die Antwort $y = y(t)$ sich wie eine Exponentialfunktion

$\exp(\Lambda(t))$ verhält. Kurz zusammengefasst: *Lösungen von linearen Differenzialgleichungen sind Exponentialfunktionen.*

Im Folgenden wird die obige Formel an Beispielen angewandt:

Beispiel 5.5 (Lineare Differenzialgleichung) Gesucht sei die Antwort $y = y(t)$ des dynamischen Systems, das durch die lineare Differenzialgleichung

$$y'(t) = -4 \cdot y(t) + 3 \cdot x(t)$$

mit der Anfangsbedingung $y(0) = 5$ gegeben ist. Die Eingangsgröße sei $x = x(t) = 6$. Wir haben $\lambda(t) = -4$ und den Störterm $f(t) = 3 \cdot x(t) = 18$. Wir berechnen zuerst $\Lambda(t)$, indem wir symbolisch integrieren. Eine Stammfunktion von $\lambda(t) = -4$ ist $U(t) = -4 \cdot t$. Daher ist mit Theorem 4.3

$$\Lambda(t) = \int_0^t -4 \, d\tau = U(t) - U(0) = -4 \cdot t - (-4 \cdot 0) = -4 \cdot t$$

Wir benutzen nun die Methode von Duhamel:

$$y(t) = y(0) \cdot e^{-4t} + e^{-4t} \cdot \int_0^t e^{4\tau} \cdot f(\tau) \, d\tau = 5 \cdot e^{-4t} + e^{-4t} \cdot \int_0^t e^{4\tau} \cdot 18 \, d\tau$$

Das bestimmte Integral können wir mit einem Taschenrechner, mit MATLAB oder mit Julia berechnen. Zuerst bestimmen wir eine Stammfunktion von $e^{4\tau} \cdot 18$. Mit MATLAB erhalten wir

```
matlab> syms tau;
matlab> int(18*exp(4*tau),tau)
   ans =
      (9*exp(4*tau))/2
```

Eine Stammfunktion von $e^{4\tau} \cdot 18$ ist also $4,5 \cdot e^{4\tau}$. Damit wird mit der Methode von Duhamel

$$y(t) = 5 \cdot e^{-4t} + e^{-4t} \cdot \left(4,5 \cdot e^{4t} - 4,5 \cdot e^{4 \cdot 0}\right) = 5 \cdot e^{-4t} + 4,5 - 4,5 \cdot e^{-4t}$$

Die Antwort des Systems ist die Summe einer Konstante und von Abklingfunktionen. Ist t groß, so wird $y(t) \approx 4,5$. Man sagt, dass die Antwort des Systems auf die Eingangsgröße $x(t) = 6$ in einem *stabilen Zustand* ist.

Wie antwortet das System, wenn die Eingangsgröße eine harmonische Schwingung $x(t) = \sin(6 \cdot t)$ ist? Die Rechnung bleibt gleich. Es ändert sich einzig $f(t) = 3 \cdot x(t) = 3 \cdot \sin(6 \cdot t)$. Somit ist

$$y(t) = y(0) \cdot e^{-4t} + e^{-4t} \cdot \int_0^t e^{4\tau} \cdot 3 \cdot \sin(6\tau) \, d\tau$$

Mit einem Rechner kann man das bestimmte Integral symbolisch bestimmen. Dies führt zu

$$y(t) = 5{,}35 \cdot e^{-4t} + 0{,}42 \cdot \cos(6 \cdot t + 0{,}59)$$

Der erste Summand strebt gegen null. Daher antwortet das System mit einer harmonischen Schwingung mit Amplitude 0,42, mit Kreisfrequenz 6 und Phase $0{,}59 + \pi/2 = 2{,}16$. Dies nennt man einen *stabilen Schwingungszustand* oder einen *eingeschwungenen Zustand* (engl. *steady state*).

Dass die Effekte von linearen Modellen gut abschätzbar sind, wird gemeinhin angenommen. Als Beispiel sei die Modellierung von Epidemien mit linearen Differenzialgleichungen genannt. Das folgende Beispiel zeigt, dass die Antwort aber nicht abschätzbar sein kann:

Beispiel 5.6 (Lineares AWP) Die Anzahl Personen $y = y(t)$ die von einer Krankheit mit Reproduktionsfaktor zwei infiziert werden, bei gegebener Eingangsgröße $x = x(t)$ ist gesucht, das durch die lineare Differenzialgleichung

$$y'(t) = 2 \cdot y(t) + x'(t) = \lambda \cdot y(t) + \{\dots\}$$

mit der Anfangsbedingung $y(0) = 8$ modelliert ist. Wenn die Eingangsgröße $x = x(t) = 3 \cdot t$ ist, dann lauten der Koeffizient $\lambda = 2$ und der Störterm $f(t) = x'(t) = 3$. Wie beim obigen Beispiel bestimmen wir zuerst $\Lambda(t)$. Eine Stammfunktion von $\lambda = \lambda(t) = 2$ ist $U(t) = 2 \cdot t$. Daher ist

$$\Lambda(t) = \int_0^t 2 \, d\tau = U(t) - U(0) = 2 \cdot t - 2 \cdot 0 = 2 \cdot t$$

Mit der Methode von Duhamel berechnen wir anschließend die Antwort $y = y(t)$:

$$y(t) = y(0) \cdot e^{2t} + e^{2t} \cdot \int_0^t e^{-2\tau} \cdot f(\tau) \, d\tau = 8 \cdot e^{2t} + e^{2t} \cdot \int_0^t e^{-2\tau} \cdot 3 \, d\tau$$

Die Funktion $-1{,}5 \cdot e^{-2 \cdot t}$ ist eine Stammfunktion von $3 \cdot e^{-2 \cdot t}$. Damit erhalten wir

$$y(t) = 8 \cdot e^{2t} + e^{2t} \cdot \left(-1{,}5 \cdot e^{-2t} + 1{,}5 \cdot e^{-2 \cdot 0} \right) = 9{,}5 \cdot e^{2t} - 1{,}5$$

Im ersten Summand der Antwort befindet sich eine exponentiell schnell wachsende Funktion. Ist t groß, so wächst die Antwort unendlich an: $y(t) \approx \infty$. Man sagt, dass die Antwort des Systems in einem *instabilen Zustand* ist. Das einfache lineare Modell der Differenzialgleichung führt zu einer *unkontrollierbaren* Antwort $y = y(t)$.

Die Begriffe stabil, instabil und asymptotisch stabil sind wie folgt definiert (siehe [2] und [1]):

Definition 5.1 Die Antwort $y = y(t)$ eines dynamischen Systems 1. Ordnung nennt man in *stabilem Zustand* (engl. *steady state*), wenn t groß $y = y(t)$ konstant (aber nicht null) oder eine harmonische Schwingung ist. Man sagt, dass die Antwort im *asymptotisch stabilen Zustand* ist, wenn t groß $y = y(t)$ gegen null strebt. In den anderen Fällen nennt man die Antwort $y = y(t)$ in *instabilem Zustand*.

Abb. 5.4 zeigt in der linken Grafik Antworten $y = y(t)$ in stabilem Zustand. In der rechten Grafik sind Antworten visualisiert, die in asymptotisch stabilem Zustand sind.

Ist der Koeffizient λ in der linearen Differenzialgleichung

$$y'(t) = \lambda(t) \cdot y(t) + f(t)$$

konstant, so kann man gut beurteilen, wie sich die Lösung des AWP $y = y(t)$ verhält. In diesem Fall ist $\Lambda(t) = \lambda \cdot t$. Dies führt zu

$$y(t) = y(0) \cdot e^{\lambda \cdot t} + e^{\lambda \cdot t} \cdot \int_0^t e^{-\lambda \cdot \tau} \cdot f(\tau)\, d\tau$$

Ist $\lambda > 0$, so wächst der erste Summand unendlich an. Die Antwort $y = y(t)$ ist in instabilem Zustand: $y(t) \approx \pm\infty$. Man sagt, dass das *System instabil* ist. Ist $\lambda < 0$, so wird der erste Summand schnell gegen null streben. Wir erhalten eine Antwort $y = y(t)$, die *unabhängig* vom Startwert $y(0)$ ist:

$$y(t) \approx e^{\lambda \cdot t} \cdot \int_0^t e^{-\lambda \cdot \tau} \cdot f(\tau)\, d\tau$$

Man sagt hier, dass das *System stabil* ist. Die gleichen Überlegungen gelten, wenn $\lambda = \tau + i \cdot \omega$ eine komplexe Zahl ist. Dann ist

$$e^{\lambda \cdot t} = e^{\tau \cdot t} \cdot e^{i \cdot \omega \cdot t} = \text{Amplitude} \cdot \text{Zeiger}$$

Die Amplitude strebt gegen null, wenn $\tau < 0$ ist. Daher folgt: Ist $\tau = \Re \lambda < 0$ so ist das System stabil. Ist $\tau = \Re \lambda > 0$, so ist das System instabil. Ist $\tau = 0$, so spricht man auch von einem *neutral stabilen System* (siehe [2]). Abb. 5.5 zeigt das Resultat.

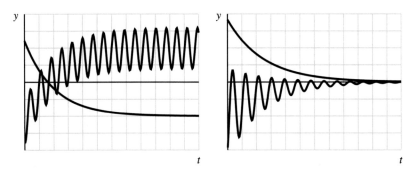

Abb. 5.4 Je zwei Antworten $y = y(t)$ in stabilem Zustand (links) und Antworten in asymptotisch stabilem Zustand

Abb. 5.5 Koeffizient λ
konstant: Regionen für
instabile und stabile Systeme

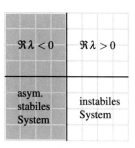

5.3   Die Methode von Duhamel mit dem Computer

Die Methode von Duhamel ist in Taschenrechnern, in MATLAB und in Julia implementiert. Wie die Methode von Duhamel aufgerufen wird, wird anhand der linearen Differenzialgleichung

$$y'(t) = -4 \cdot y(t) + 3 \cdot x(t) - 2 \cdot x'(t) = \lambda \cdot y(t) + \{\dots\}$$

mit der Eingangsgröße $x(t) = t^2$ und der Anfangsbedingung $y(0) = 7$ gezeigt. Der Koeffizient λ ist -4 und der Störterm lautet $f(t) = 3 \cdot x(t) - 2 \cdot x'(t)$. Mit einem Taschenrechner erhalten Sie die Lösung dieses AWP in etwa wie folgt:

```
deSolve(y' = -4*y + 3*t^2-2*2*t and y(0) = 7, t, y)
```

Beachten Sie, dass die Funktionen $y(t)$ und $y'(t)$ ohne die unabhängige Variable t eingegeben werden. Die Ableitung $x'(t) = 2 \cdot t$ wurde ohne Rechner bestimmt. Der Befehl endet damit, dass t als unabhängige und y als abhängige Variable deklariert werden. Mit MATLAB können Sie ähnlich vorgehen:

```
matlab> syms t y(t);
matlab> x(t) = t^2;
matlab> system = diff(y,t) == -4*y + 3*x - 2*diff(x,t);
matlab> output(t) = dsolve(system, y(0) == 7)
    output(t) =
        (213*exp(-4*t))/32 - (11*t)/8 + (3*t 2)/4 + 11/32
matlab> vpa(output,4)
    ans(t) =
        6.656*exp(-4.0*t) - 1.375*t + 0.75*t 2 + 0.3438
```

Der letzte Befehl zeigt den symbolischen Ausdruck für die Funktion $y = y(t)$ übersichtlicher mit Gleitkommas und vier signifikanten Stellen an.

Mit Julia müssen Sie die Differenzialgleichung auf $\cdots = 0$ umstellen. Anschließend können Sie wie folgt vorgehen:

```
julia> using SymPy
julia> t = Sym("t"); y = SymFunction("y")
```

```
julia> x(t) = t^2
julia> system = y'(t) + 4*y(t) - 3*x(t) + 2*diff(x(t),t)
julia> output = dsolve(system, y(t), ics = (y, 0, 7))
   y(t) = ((24*t 2-44*t+11)*exp(4*t)/32+213/32)*exp(-4*t)
julia> simplify(output.evalf())
   y(t) = 0.75*t 2 - 1.375*t + 0.34375 + 6.65625*exp(-4*t)
```

Wir wenden dieses Vorgehen auf Beispiele aus Abschn. 5.1 an:

Beispiel 5.7 (Wagen mit Reibung) Beim Beispiel 5.1 ist das System für die Geschwindigkeit $v = v(t)$ des Eisenbahnwagens durch die lineare Differenzialgleichung

$$\frac{dv}{dt} = -\frac{\mu_{Reibung}}{m} \cdot v(t) + \frac{1}{m} \cdot F(t)$$

gegeben. Der Koeffizient ist $\lambda(t) = -\mu_{Reibung}/m$. Er ist konstant und negativ. Das System ist stabil. Die Eingangsgröße des Systems ist die Kraft $F = F(t)$. Sie sei konstant: $F(t) = F$. Zum Zeitpunkt $t = 0\,s$ sei der Wagen im Stillstand: $v(0\,s) = 0\,m/s$. Mit MATLAB und der Formel von Duhamel erhalten wir:

```
matlab> syms m muReibung F t v(t);
matlab> system = diff(v,t) == -(muReibung/m)*v + F/m;
matlab> output(t) = dsolve(system, v(0) == 0)
   output(t) =
      (F - F*exp(-(muReibung*t)/m))/muReibung
```

Mit Julia erhalten Sie das gleiche Resultat. Damit lautet die Geschwindigkeit $v = v(t)$ des Eisenbahnwagens:

$$v(t) = \frac{F}{\mu_{Reibung}} \cdot \left(1 - e^{-(\mu_{Reibung} \cdot t)/m}\right)$$

Der Graph der Funktion ist in Abb. 5.6 gezeichnet. Für große t ist der Wert Exponentialfunktion praktisch null: $\exp(-\infty) = 0$. Daher ist die Geschwindigkeit des Eisenbahnwagens konstant:

Abb. 5.6 Geschwindigkeit
$v = v(t)$ des Eisenbahnwagens

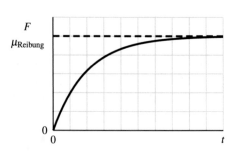

$$v(t) \approx \frac{F}{\mu_{\text{Reibung}}} (1 - 0) = \frac{F}{\mu_{\text{Reibung}}}$$

Die Antwort des Systems auf die konstante Eingangsgröße F ist deshalb in einem stabilen Zustand.

Beispiel 5.8 (Wärmeleitung nach Fourier) Beim Beispiel 5.3 lautet die lineare Differenzialgleichung 1. Ordnung für die gesuchte Raumtemperatur $T = T(t)$:

$$\frac{dT}{dt} = -0{,}5\,h^{-1} \cdot T(t) + x_1(t) + 0{,}5\,h^{-1} \cdot x_2(t)$$

Die Eingangsgrößen sind die Heizleistung $x_1(t) = 2\,°C/h$ und die Außentemperatur $x_2(t) = 5\,°C$. Die Anfangsbedingung für die Raumtemperatur sei $T(0\,h) = 15\,°C$. Mit der Methode von Duhamel berechnen wir $T = T(t)$. Anschließend zeichnen wir den Graph von $T = T(t)$. Ausgeführt mit Julia erhalten wir:

```julia
julia> using SymPy, Plots
julia> t = Sym("t"); T = SymFunction("T")
julia> x1(t) = 2; x2(t) = 5
julia> system = T'(t) + 0.5*T(t)  - x1(t) - 0.5*x2(t)
julia> output = dsolve(system, T(t), ics = (T, 0, 15))
   T(t) = 9.0 + 6.0*exp(-0.5*t)
julia> plot(output, 0, 10, label = "", w=2)
```

Die Antwort ist $T = T(t) = 9 + 6 \cdot \exp(-t/2)$. Der zweite Summand in der Formel für $T = T(t)$ strebt exponentiell schnell gegen null. Damit ist $T(t) \approx 9\,°C$. Das System antwortet mit einer konstanten Temperatur. Abb. 5.7 zeigt den Graph der Raumtemperatur. Die Antwort ist in stabilem Zustand.

Abb. 5.7 Der Temperaturverlauf $T = T(t)$ der Luft im Raum

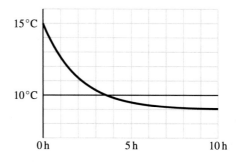

5.4   Weitere Beispiele zu linearen Differenzialgleichungen

Im Folgenden werden zwei dynamische Systeme aus der Chemie und der Verfahrenstechnik vorgestellt, die mit linearen Differenzialgleichungen 1. Ordnung beschrieben werden. Das erste Beispiel befasst sich mit radioaktivem Zerfall. Es stellt eine chemische Reaktion erster Ordnung dar:

Beispiel 5.9 (Radioaktiver Zerfall) Radon ist ein Edelgas und besitzt radioaktive Isotope. Das stabilste Isotop ist ^{222}Rn mit einer Halbwertszeit τ von 3,823 Tagen. Dies bedeutet, dass eine Wahrscheinlichkeit von 50 % besteht, dass ein ^{222}Rn-Isotop bis zum Zeitpunkt 3,823 Tage zerfällt. Das Radon-Isotop hat die Eigenschaft, dass seine Zerfallsrate proportional zur vorhandenen Radonmenge ist. Ist $n(t)$ die Anzahl Radon-Isotope in einem Haus, so gilt folglich die lineare Differenzialgleichung 1. Ordnung

$$\frac{dn}{dt} = -\alpha \cdot n(t) + f(t)$$

Die Zahl $\alpha > 0$ ist die Zerfallskonstante von Radon. Die Funktion $f(t)$ modelliert die Rate mit der zusätzliche Radon-Isotope ins Gebäude ein- oder ausgeführt werden (zum Beispiel durch das Öffnen und das Schließen von Fenstern und Türen). Sie ist die Eingangsgröße des dynamischen Systems. Die Antwort ist die Anzahl Radon-Isotope $n = n(t)$. Der Koeffizient λ der linearen Differenzialgleichung ist $-\alpha$. Er ist kleiner als null. Daher ist das System stabil.

Ist die Eingangsgröße $f(t) = 0$, so ist $n'(t) = -\alpha \cdot n(t)$. In diesem Fall erhält man mit der Methode von Duhamel die Zerfallsfunktion

$$n(t) = n(0) \cdot \exp(-\alpha \cdot t) + \exp(-\alpha \cdot t) \cdot \int_0^t \exp(\alpha \cdot \tau) \cdot f(\tau)\, d\tau = n(0) \cdot \exp(-\alpha \cdot t)$$

Mit dem Resultat kann man die Zerfallskonstante α berechnen. Man setzt dazu $n(t) = n(0)/2$ – die Hälfte der Isotope ist zerfallen – und t gleich der Halbwertszeit τ:

$$\frac{n(0)}{2} = n(0) \cdot \exp(-\alpha \cdot \tau)$$

Daher ist $\alpha = \ln 2/\tau = 0,1813\,\text{Tage}^{-1}$.

Im folgenden Beispiel wird gezeigt, wie man ein Mischproblem modellieren kann:

Beispiel 5.10 (Mischproblem in einem Tank) Abb. 5.8 zeigt einen Tank, der mit 100 L Wasser gefüllt ist. Im Wasser sind 5 kg Salz aufgelöst. In den Tank fließt mit einer Rate von 2 L/s Salzwasser mit einer Konzentration $c = c(t)$ ein. Dieses wird mit dem Tankinhalt verrührt. Mit einer Rate von 2 L/s fließt die Lösung aus dem Tank aus. Im Tank sind damit immer 100 L Flüssigkeit.

Abb. 5.8 Ein Tank von 100 L mit einfließendem Salzwasser mit Salzkonzentration $c = c(t)$, Ausflussrohr und Salzmenge $S = S(t)$

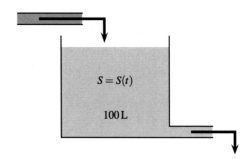

$$S = S(t)$$

100 L

Kann man die Salzmenge $S = S(t)$ zum Zeitpunkt t im Tank berechnen? Um diese Frage zu beantworten, berechnen wir, wie sich die Salzmenge pro Zeitintervall Δt ändert. Es ist

$$\frac{\text{Änderung Salzmenge}}{\Delta t} \approx \frac{\text{Salzmenge ein}}{\Delta t} - \frac{\text{Salzmenge aus}}{\Delta t} \qquad (5.4)$$

Pro Zeiteinheit fließt eine Salzmenge in den Tank, die gleich der Einflussrate multipliziert mit der Konzentration der einfließenden Flüssigkeit ist:

$$\text{Salzmenge EIN pro Zeiteinheit} = \text{Einflussrate} \times \text{Konzentration ein} = 2\,\text{L/s} \cdot c(t)$$

Die Salzkonzentration im Tank ist gleich der Salzmenge zum Zeitpunkt t dividiert durch die Wassermenge von 100 L. Daher gilt für die Salzmenge pro Zeiteinheit, die aus dem Tank fließt:

$$\text{Salzmenge AUS pro Zeiteinheit} = \text{Ausflussrate} \times \text{Konzentration aus} = 2\,\text{L/s} \cdot \frac{S(t)}{100\,\text{L}}$$

Mathematisch formuliert ist die Änderung der Salzmenge pro Zeiteinheit die Ableitung dS/dt. Aus den getätigten Überlegungen folgt damit aus der Gl. (5.4):

$$\frac{dS}{dt} = 2\,\text{L/s} \cdot c(t) - 2\,\text{L/s} \cdot \frac{S(t)}{100\,\text{L}} = \lambda \cdot S(t) + \{\dots\}$$

Dies ist eine lineare Differenzialgleichung 1. Ordnung für die gesuchte Salzmenge $S = S(t)$ im Tank. Der Koeffizient λ ist $-0{,}02\,\text{s}^{-1}$. Er ist konstant und kleiner als null. Das System ist deshalb stabil.

Bevor wir $S = S(t)$ berechnen, kontrollieren wir die Einheiten in der Differenzialgleichung. Die linke Seite hat die Einheit kg/s. Die rechte Seite hat die gleiche Einheit, wenn die Einheit der einfließenden Konzentration $c = c(t)$ in kg/L ist: L/s $\cdot$ kg/L + L/s $\cdot$ kg/L = kg/s.

Die Eingangsgröße ist die Salzkonzentration $c = c(t)$ im einfließenden Rohr. Es gelte

$$c(t) = 10\,\text{kg/L} + 10\,\text{kg/L} \cdot \sin(\omega \cdot t)$$

mit $\omega = 1\,\text{s}^{-1}$. Die Anfangsbedingung ist $S(0\,\text{s}) = 5\,\text{kg}$. Mit MATLAB erhalten wir:

```
matlab> syms t S(t);
matlab> c(t) = 10 + 10*sin(t);
matlab> system = diff(S,t) == -2/100*S + 2*c;
matlab> output(t) = dsolve(system, S(0) == 5)
   output(t) =
      1000 - (1000*2501 (1/2)*cos(t+atan(1/50)))/2501 -
         (2438495*exp(-t/50))/2501
matlab> vpa(output,4)
   ans(t) =
      1000.0 - 975.0*exp(-0.02*t) - 20.0*cos(t + 0.02)
matlab> fplot(@(t) output(t), [0, 150])
```

Es ist also

$$S(t) = 1000,0 \, \text{kg} - 975,0 \, \text{kg} \cdot \text{e}^{-0,02 \, \text{s}^{-1} \cdot t} - 20,0 \, \text{kg} \cdot \cos(1 \, \text{s}^{-1} \cdot t + 0,02)$$

Abb. 5.9 zeigt den Graph der Salzmenge in Funktion der Zeit t. Deutlich ist zu sehen, dass die Salzmenge oszilliert. Dies zeigt auch die Funktionsgleichung für $S = S(t)$: Der zweite Summand in der Gleichung nähert sich null. Damit ist, wenn t groß ist,

$$S(t) \approx 1000,0 \, \text{kg} - 20,0 \, \text{kg} \cdot \cos(1 \, \text{s}^{-1} \cdot t + 0,02)$$

Der zweite Summand ist eine harmonische Schwingung mit Amplitude $20,0 \, \text{kg}$, Kreisfrequenz $1 \, \text{s}^{-1}$ und Phase $-(0,02 + \pi/2) = -1,59$. Die Antwort $S = S(t)$ des Systems ist deshalb in stabilem Zustand.

Die Methode von Duhamel ist nicht immer einsetzbar. Das Problem liegt darin, dass die Integrale bei komplexen Eingangsgrößen nicht mit Stammfunktionen berechnet werden können. Hier ein Beispiel dazu:

Beispiel 5.11 (Mischproblem im Tank) Beim Beispiel 5.10 sei die Eingangsgröße $x(t) = c(t)$ im einfließenden Rohr durch die Funktionsgleichung

Abb. 5.9 Antwort der
Salzmenge $S = S(t)$ im Tank

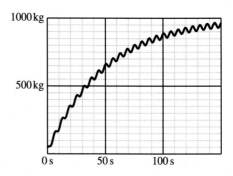

Abb. 5.10 Graph der Eingangsgröße $c = c(t) = 1\,\text{kg/L} \cdot \exp(\sin(\omega \cdot t))$ mit $\omega = 1\,\text{s}^{-1}$

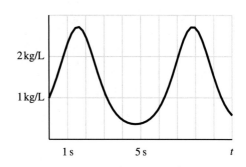

$$c = c(t) = 1\,\text{kg/L} \cdot \exp(\sin(\omega \cdot t))$$

mit $\omega = 1\,\text{s}^{-1}$ gegeben. Abb. 5.10 zeigt den Graph von $c = c(t)$. Die Funktion $c = c(t)$ besitzt keine explizite Stammfunktion. Die Anfangsbedingung ist $S(0\,\text{s}) = 5\,\text{kg}$. Mit MATLAB können wir versuchen, die Salzmenge $S = S(t)$ zu berechnen:

```
matlab> syms t S(t);
matlab> c(t) = exp(sin(t));
matlab> system = diff(S,t) == -2/100*S + 2*c;
matlab> output(t) = dsolve(system, S(0) == 5)
    output(t) =
        exp(-t/50)*(int(2*exp(x/50)*exp(sin(x)),x,0,t,...)
            + 5)
```

Die Antwort $S = S(t)$ lautet also – ausmultipliziert und τ für x geschrieben –:

$$S(t) = 5 \cdot \mathrm{e}^{-t/50} + \mathrm{e}^{-t/50} \cdot \int_0^t 2 \cdot \exp(\tau/50) \cdot \exp(\sin(\tau))\,\mathrm{d}\tau$$

Dies ist die Formel zur Methode von Duhamel. Sie kann nicht symbolisch ausgewertet werden. Das gleiche Resultat liefert auch das Programm Julia.

Im Kap. 6 werden Verfahren gezeigt, wie man Lösungen von solchen Differenzialgleichungen mit numerischen Methoden bestimmen kann.

Aufgaben

5.1 Modellieren Sie mit dem Gesetz von Newton die Geschwindigkeitsfunktion $v = v(t)$ eines Fallschirmspringers mit Masse m. Auf den Fallschirmspringer wirken zwei Kräfte. Die erste Kraft ist die Gravitationskraft $F_g = m \cdot g$. Die zweite Kraft ist der Luftwiderstand. Nehmen Sie als Modellannahme an, dass der Luftwiderstand proportional zum Quadrat

der Geschwindigkeit ist. Was ist die Eingangsgröße des Systems? Was ist die Antwort des
Systems?

5.2 Die folgenden dynamischen Systeme für die Funktion $y = y(t)$ sind lineare Differenzialgleichungen 1. Ordnung:

$$y'(t) = t^2 \cdot y(t) + 3 \cdot x(t), \quad y'(t) = 7 \cdot y(t) - x'(t), \quad (t^2 + 1) \cdot y'(t) = 3 \cdot y(t) + 2 \cdot x(t)$$

Die Eingangsgröße ist jeweils $x = x(t)$. Wie lautet der Koeffizient $\lambda = \lambda(t)$ bei den
Differenzialgleichungen?

5.3 Betrachtet wird das dynamische System für die Antwort $y = y(t)$

$$8 \cdot \frac{dy}{dt} = -0{,}2 \cdot y(t) + \sin t \cdot x(t)$$

bei gegebener Eingangsgröße $x = x(t)$. Die Anfangsbedingung ist $y(0) = 0$. Ist die Differenzialgleichung linear? Wenn ja, wie lautet der Koeffizient $\lambda = \lambda(t)$? Wie lautet die
Antwort $y = y(t)$, wenn die Eingangsgröße $x(t) = 0$ ist?

5.4 Welche der folgenden Differenzialgleichungen 1. Ordnung für die Antwort $y = y(t)$
mit bekannter Eingangsgröße $x = x(t)$ sind linear?

$$\text{(a)} \quad y'(t) + 2t^2 \cdot y^3(t) = x(t) \qquad \text{(b)} \quad 3 \cdot y'(t) = -y(t) + x'(t)$$
$$\text{(c)} \quad 2y'(t) = -\sin t \cdot y(t) + 4 \cdot x(t) \qquad \text{(d)} \quad (y'(t))^3 = 4 \cdot y(t) + \ln t \cdot x(t)$$
$$\text{(e)} \quad y'(t) = t^3 \cdot y(t) + \frac{x(t)}{1+t} \qquad \text{(f)} \quad y'(t) = (y(t))^2 + 4 \cdot x(t) + t^2 \cdot x'(t)$$

Bestimmen Sie bei den linearen Differenzialgleichungen den Koeffizienten $\lambda = \lambda(t)$.

5.5 Welche der folgenden Differenzialgleichungen 1. Ordnung für $y = y(t)$ sind linear?
Wie lauten bei den linearen Differenzialgleichungen jeweils die Koeffizienten $\lambda = \lambda(t)$ und
die Störterme $f = f(t)$?

$$\text{(a)} \quad y'(t) = \sin(y(t) - 2) \qquad \text{(b)} \quad 2 \cdot y'(t) = \frac{1}{y(t) + 3} + t^2$$

$$\text{(c)} \quad y'(t) = \frac{1}{t+1} \cdot y(t) + \sin t \qquad \text{(d)} \quad 5 \cdot y'(t) - \frac{2}{t^2 + 1} \cdot y(t) - 3 = 0$$

5.6 Gegeben ist ein dynamisches System, modelliert durch eine lineare Differenzialgleichung 1. Ordnung

$$y'(t) = \lambda \cdot y(t) + f(t), \quad y(0) = y_0$$

mit bekannter und differenzierbarer Funktion $f(t)$. Welche der folgenden Aussagen sind korrekt?

(a) Ist $\lambda > 0$, so ist das System stabil.
(b) Ist das System stabil, so hängt $y(t)$ nach genügend langer Zeit nicht von y_0 ab.
(c) Die Lösung $y(t)$ verhält sich ähnlich wie eine Wurzelfunktion.
(d) Wird das System nicht von aussen gestört, so verbleibt es in Ruhe: $y(t) = 0$ für alle Zeitpunkte $t > 0$.
(e) Ist $\lambda(t) = 0{,}01$, so ist das System instabil.

5.7 Berechnen Sie ohne Rechner mit der Methode von Duhamel die Lösungen $y = y(t)$ der folgenden Cauchyprobleme:

$$\text{(a)} \quad y'(t) = 2 \cdot y(t) + x(t) \quad \text{mit} \quad y(0) = 3$$
$$\text{(b)} \quad y'(t) = -4 \cdot y(t) + 5 \cdot x'(t) \quad \text{mit} \quad y(0) = 0$$

Dabei sind die Eingangsgrößen bei (a) $x(t) = 1$ und bei (b) $x(t) = \exp(t)$. Welches System ist stabil? Sind die Antworten $y = y(t)$ in stabilem, instabilem oder asymptotisch stabilem Zustand?

5.8 Beim Beispiel 5.1 gilt für die Geschwindigkeit $v = v(t)$ eines Eisenbahnwagens die folgende lineare Differenzialgleichung 1. Ordnung:

$$m \cdot \frac{dv}{dt} = -\mu_{\text{Reibung}} \cdot v(t) + F(t)$$

Die Eingangsgröße des Systems ist die Kraft $F = F(t)$. Die Antwort ist die Geschwindigkeit $v = v(t)$. Es gelte $m = 3000\,\text{kg}$ und $\mu_{\text{Reibung}} = 50{,}2\,\text{kg/s}$. Die Anfangsbedingung für die Geschwindigkeit lautet $v(0\,\text{s}) = 0\,\text{m/s}$.

(a) Berechnen Sie mit MATLAB oder mit Julia die Geschwindigkeit $v = v(t)$, wenn $F = A + B \cdot \sin(\omega \cdot t)$ ist. Dabei ist $A = 14\,000\,\text{N}$, $B = 5000{,}2\,\text{N}$ und $\omega = 2\,\text{s}^{-1}$. Zeichnen Sie den Graph der Antwort $v = v(t)$. Ist die Antwort in stabilem, asymptotisch stabilem oder instabilem Zustand?
(b) Beantworten Sie die gleichen Fragen wie bei (a), wenn $F = 20\,000\,\text{N} \cdot \exp(-\alpha \cdot t)$ mit $\alpha = 0{,}01\,\text{s}^{-1}$ ist.

5.9 Die Temperatur $T = T(t)$ der Luft in einem Zimmer soll berechnet werden. Man weiss, dass eine Heizung die Luft mit einer Rate von $4\,°\text{C/h}$ aufwärmt. Zudem fließt Wärme aus dem Zimmer weg an die Außenluft, die konstant gleich $-3\,°\text{C}$ ist. Das Zimmer hat eine Isolierkonstante $k = 0{,}15\,\text{h}^{-1}$.

(a) Wie lautet die Differenzialgleichung nach dem Modell von Fourier für die Temperatur $T = T(t)$? Beurteilen Sie anhand der Differenzialgleichung: Ist das System stabil, neutral stabil oder instabil?

(b) Bestimmen Sie die Temperatur der Luft, wenn $T(0\,\text{h}) = 10\,°\text{C}$ ist. Benutzen Sie dazu Ihren Taschenrechner, MATLAB oder Julia.

(c) Zeichnen Sie den Graph der Temperatur. Ist $T = T(t)$ in stabilem, asymptotisch stabilem oder instabilem Zustand?

(d) Was passiert, wenn Sie ein stärkeres oder schwächeres Heizsystem benutzen? Experimentieren Sie mit MATLAB oder mit Julia.

(e) Berechnen Sie die Temperatur $T = T(t)$, wenn die Außentemperatur nicht konstant $-3\,°\text{C}$ ist, sondern einer Sinusschwingung mit Schwingungsdauer 24 h folgt? Als Beispiel:

$$T_{\text{außen}}(t) = 10\,°\text{C} \cdot \sin(\omega \cdot t) \quad \text{mit } \omega = 2\pi/24\ \text{h}^{-1}$$

Kommentieren Sie das Resultat. Können Sie die Heizleistung so einstellen, dass die Temperatur im Zimmer zwischen 16 °C und 20 °C bleibt?

5.10 Abb. 5.11 zeigt einen RL-Schwingkreis. Dies ist ein Schwingkreis mit einer Spannungsquelle $U = U(t)$, einem Widerstand R und einer Spule mit Induktion L. Für den Strom $i = i(t)$ gilt nach dem Ohm'schen Gesetz

$$L \cdot \frac{\mathrm{d}i}{\mathrm{d}t} + R \cdot i(t) = U(t)$$

Dies ist eine Differenzialgleichung 1. Ordnung für den Strom $i = i(t)$. Die Eingangsgröße des Systems ist die Spannungsquelle $U = U(t)$. Die Antwort ist der fließende Strom $i = i(t)$.

(a) Stellen Sie sicher, dass beide Seiten der Differenzialgleichung die gleiche Einheit haben.

(b) Ist das System stabil?

(c) Berechnen Sie mit MATLAB oder mit Julia den Strom $i = i(t)$, wenn die Spannungsquelle $U = U_0$ konstant ist und die Anfangsbedingung $i(0\,\text{s}) = 0\,\text{A}$ lautet. Wie groß ist der Strom, wenn die Zeit t groß ist? Ist die Antwort $i = i(t)$ in stabilem, asymptotisch stabilem oder instabilem Zustand?

Abb. 5.11 Ein
RL-Schwingkreis

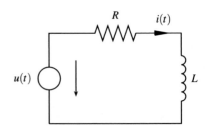

(d) Bestimmen Sie mit MATLAB oder mit Julia den Strom $i = i(t)$, wenn die Spannungsquelle eine Wechselspannung $U = U_0 \cdot \sin(\omega \cdot t)$ ist und die Anfangsbedingung $i(0\,\text{s}) = 0\,\text{A}$ lautet. Zeichnen Sie den Graph von $i = i(t)$, wenn $R = 18{,}0\,\Omega$, $L = 4{,}2\,\text{mH}$, $U_0 = 10\,\text{V}$ und $\omega = 10\,\text{s}^{-1}$ sind. In welchem Zustand ist die Antwort $i = i(t)$?

5.11 Ein Tank ist mit 4000 L Wasser gefüllt. Im Wasser sind 300 kg Salz aufgelöst. In den Tank fließt mit einer Rate von 50 L/s Salzwasser mit einer Konzentration von 0,2 kg/L ein. Dieses wird mit dem Tankinhalt verrührt. Mit einer Rate von 50 L/s fließt die entstandene Lösung aus dem Tank aus.

(a) Wie lautet die Differenzialgleichung, um die Salzmenge $S = S(t)$ zum Zeitpunkt t im Tank zu modellieren?
(b) Ist die Differenzialgleichung linear? Ist das System stabil, neutral stabil oder instabil?
(c) Bestimmen Sie die Salzmenge $S = S(t)$ mit einem Taschenrechner, mit MATLAB oder mit Julia. Zeichnen Sie den Graph der Salzmenge.

5.12 Ein Tank ist mit 1000 L Wasser gefüllt. Im Wasser sind 10 kg Salz aufgelöst. In den Tank fließt mit einer Rate von 40 L/s Salzwasser mit einer Konzentration von 0,3 kg/L ein. Dieses wird mit dem Tankinhalt verrührt. Mit einer Rate von 60 L/s fließt die entstandene Lösung aus dem Tank aus.

(a) Es fließt mehr Flüssigkeit aus dem Tank ab als einfließt. Daher entleert sich der Tank. Wie lautet das Volumen $V = V(t)$ der Flüssigkeit im Tank? Wie lange geht es, bis der Tank leer ist?
(b) Erstellen Sie die Differenzialgleichung, um die Salzmenge $S = S(t)$ im Tank zu modellieren. Beachten Sie, dass das in (a) berechnete Volumen $V = V(t)$ der Differenzialgleichung auftritt. Überprüfen Sie auch die Einheiten der Differenzialgleichung.
(c) Ist die Differenzialgleichung linear? Wenn ja, wie lautet der Koeffizient $\lambda = \lambda(t)$? Ist das System stabil?
(d) Bestimmen Sie die Salzmenge $S = S(t)$ mit MATLAB oder mit Julia. Zeichnen Sie den Graph der Salzmenge.
(e) Die Konzentration des Salzes im Tank lautet $c = c(t) = S(t)/V(t)$. Plotten Sie den Graph von $c = c(t)$. Zu welchem Zeitpunkt ist die Konzentration am höchsten?

5.13 Ein (punktförmiger) Wurm kriecht auf einem Gummiseil der Länge 100 cm. Er startet zum Zeitpunkt $t = 0\,\text{s}$ an einem Seilende, das fest eingespannt ist. Er hat die konstante Eigengeschwindigkeit 1 cm/s. Gleichzeitig wird aber das Seil am anderen Ende um 2 cm/s in die Länge gezogen. Dies ist die Eingangsgröße $x'(t) = 2\,\text{cm/s}$. Dabei wollen wir annehmen, dass das Seil überall gleichmäßig gedehnt wird. Der Wurm wird dabei mitgezogen und erhält eine zusätzliche Geschwindigkeitskomponente.

(a) Beschreiben Sie die Wegfunktion $s(t)$ des Wurms mit einer Differenzialgleichung. *Tipp:* Wie lautet eine Gleichung für $s'(t)$? Die Geschwindigkeit $s'(t)$ besteht aus zwei Komponenten.

(b) Kontrollieren Sie die Einheiten der linken und rechten Seite der Differenzialgleichung.

(c) Ist die in (a) aufgestellte Differenzialgleichung linear?

(d) Lösen Sie die in (a) aufgestellte Differenzialgleichung mit einem Taschenrechner, mit MATLAB oder mit Julia. Zeichnen Sie den Graph von $s = s(t)$. Nach welcher Zeit erreicht der Wurm das Seilende?

5.14 Viele Medikamente (wie z. B. Penicillin) werden im Blut abgebaut mit einer Rate, die proportional zur vorhandenen Menge $y(t)$ des Medikaments ist.

(a) Es werden y_0 mg eines Medikaments in den Blutkreislauf eines Patienten eingespritzt. Wie lautet die Differenzialgleichung für $y = y(t)$? Berechnen Sie daraus $y(t)$ und bestimmen Sie anschließend die Halbwertszeit des Medikaments.

(b) Ein Medikament wird einem Patienten ständig mit einer Rate von I mg/min eingespritzt. Dies ist die Eingangsgröße $x(t) = I$ des Systems. Wie lautet die Differenzialgleichung für $y = y(t)$? Ist die Differenzialgleichung linear? Wenn, ja wie lautet der Koeffizient λ? Ist das System stabil?

(c) Berechnen Sie $y = y(t)$ für die Aufgabe (b), wenn zu Beginn der Therapie kein Medikament im Blut vorhanden ist: $y(0 \text{ min}) = 0 \text{ mg}$ ist. Wie groß ist $y(t)$ ungefähr, wenn t sehr groß ist? Ist die Antwort $y = y(t)$ in einem stabilen Zustand?

(d) Die Halbwertszeit des Medikaments betrage drei Stunden. Wie groß muss die Infusionsrate I sein, damit langfristig 150 mg des Medikaments im Blut zirkulieren?

Literatur

1. Lunze, J.: Regeltechnik, 10. Aufl. Systemtheoretische Grundlagen, Analyse und Entwurf einschleifiger Regelungen, Springer Vieweg, Berlin (2014)
2. Strang, G.: Introduction to Applied Mathematics. Wellesley-Cambridge Press, Wellesley MA USA (1986)

Dynamische Systeme: Kontrolle und Approximation

6

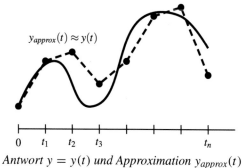

Antwort $y = y(t)$ und Approximation $y_{approx}(t)$

Zusammenfassung

Mit dem Euler-Vorwärts-Verfahren kann ein AWP zu einer Differenzialgleichung 1. Ordnung numerisch und approximativ gelöst werden. Bei der Arbeit mit dem Euler-Vorwärts-Verfahren geht man davon aus, dass das AWP eine eindeutige Lösung hat. Bei nichtlinearen Differenzialgleichungen kann das Cauchyproblem mehrere Lösungen haben. Lösungen können sogar ‚explodieren‘. Wie diese zwei Phänomene kontrolliert werden, wird im ersten Teil des Kapitels dargestellt. Im zweiten Teil des Kapitels werden autonome Systeme, die Methode der Separation der Variablen und das Euler-Vorwärts-Verfahren vorgestellt.

© Springer-Verlag GmbH Deutschland, ein Teil von Springer Nature 2021
D. Bättig, *Angewandte Mathematik 2 mit MATLAB und Julia*,
https://doi.org/10.1007/978-3-662-62207-0_6

6.1   Differenzialgleichungen: Mehrdeutigkeit und Explosion

Im Kap. 5 wird mit dem Hauptsatz der Infinitesimalrechnung die Methode von Duhamel hergeleitet. Mit der Methode können lineare Differenzialgleichungen gelöst werden. Sie zeigt, dass die Differenzialgleichungen bei einer Anfangsbedingung $y(0) = y_0$ eine eindeutige Lösung $y = y(t)$ haben, die zwar unstabil sein kann, aber die für alle Zeitpunkte $t > 0$ definiert ist. Bei nicht linearen Differenzialgleichungen ist dies nicht gewährleistet. Dies zeigen die folgenden zwei Beispiele.

Beispiel 6.1 (Explodierendes Zellwachstum) Eine Population von Zellen soll mit einem mathematischen Modell beschrieben werden. Die Population habe eine konstante Geburtenrate α und eine konstante Todesrate β pro Zelle und Zeiteinheit. Zudem kommen $x = x(t)$ Zellen pro Zeiteinheit neu zur Population dazu. Ein Modell für die Anzahl Zellen $P = P(t)$ dazu ist (vgl. Angewandte Mathematik Bd. 1, [1]):

$$\frac{dP}{dt} = (\alpha - \beta) \cdot P(t) + x(t) = \gamma \cdot P(t) + x(t)$$

Die Antwort des dynamischen Systems ist $P = P(t)$. Die Eingangsgröße ist $x = x(t)$. Die Gleichung ist linear. Mit der Methode von Duhamel (Theorem 5.2) erhalten wir die eindeutige Antwort

$$P = P(t) = P(0) \cdot \exp(\gamma \cdot t) + \exp(\gamma \cdot t) \cdot \int_0^t \exp(-\gamma \cdot \tau) \cdot x(\tau)\, d\tau$$

Die Formel gilt für alle Zeitpunkte $t > 0$. Ist $\gamma < 0$, so ist das System stabil.

Was passiert, wenn die Rate dP/dt des Wachstums quadratisch zur Anzahl Zellen der Population ist? In diesem Fall gilt, wenn $x = x(t) = 0$ ist:

$$\frac{dP}{dt} = \gamma \cdot (P(t))^2$$

Die Differenzialgleichung ist nicht linear. Wenn die Anfangspopulation $P(0) = 10$ ist, so lautet die Lösung

$$P = P(t) = \frac{1}{0{,}1 - t \cdot \gamma}$$

Dies können wir wie folgt überprüfen: Einerseits ist $P(0) = 1/0{,}1 = 10$ und andererseits folgt mit der Quotientenregel

$$\frac{dP}{dt} = \frac{d}{dt}\left(\frac{1}{0{,}1 - t \cdot \gamma}\right) = \frac{0 \cdot (0{,}1 - t \cdot \gamma) - 1 \cdot (-\gamma)}{(0{,}1 - t \cdot \gamma)^2} = \gamma \cdot \frac{1}{(0{,}1 - t \cdot \gamma)^2} = \gamma \cdot (P(t))^2$$

Abb. 6.1 zeigt das Wachstumsverhalten der Funktion $P = P(t)$, wenn $\gamma = 0{,}1$ ist.

Die Werte von $P(t)$ werden beliebig groß, wenn die Zeit t sich dem Zeitpunkt $0{,}1/\gamma$ nähert. Ist $\gamma = 0{,}1$, so wird $P = \infty$ beim Zeitpunkt $t = 1$. Die Funktion *explodiert in*

Abb. 6.1 Graph von $P = P(t)$
für $\gamma = 0,1$: die Funktion
explodiert in endlicher Zeit

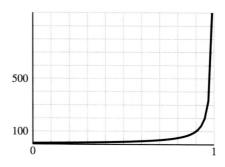

endlicher Zeit. Dies bedeutet, dass eine Prognose für die Anzahl Zellen $P = P(t)$ für $t > 1$
keinen Sinn mehr macht. Solche Explosionsphänomene treten bei linearen Systemen nicht
auf.

Beispiel 6.2 (Mehrere Lösungen) Gegeben sei das dynamische System

$$\frac{dy}{dt} = \sqrt{y(t)} + x(t)$$

mit der Eingangsgröße $x = x(t)$ und der Antwort $y = y(t)$. Die Anfangsbedingung sei
$y(0) = 0$. Ist $x = x(t) = 0$, so erfüllt die Funktion $y = y(t) = 0$ das AWP. Es gibt aber
auch eine weitere Lösung:

$$y = y(t) = \frac{t^2}{4}$$

In der Tat sind $y'(t) = t/2 = \sqrt{y(t)}$ und $y(0) = 0^2/4 = 0$. Weitere Lösungen sind

$$y = y(t) = \begin{cases} 0 & \text{für } 0 \le t \le C \\ (t - C)^2/4 & \text{für } t > C \end{cases}$$

Abb. 6.2 zeigt eine Auswahl dieser Lösungen.

Abb. 6.2 Graph von mehreren
Lösungen $y = y(t)$ des AWP
$y'(t) = \sqrt{y(t)}$ mit $y(0) = 0$

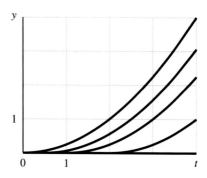

Die Differenzialgleichung mit der Anfangsbedingung $y(0) = 0$ hat unendliche viele Lösungen. Die Antwort des Systems ist deshalb nicht deterministisch. Nicht deterministische Antworten sind bei linearen Differenzialgleichungen nicht möglich.

6.2   Separation der Variablen für autonome Systeme

In diesem Abschnitt werden weitere Differenzialgleichungen betrachtet, die nicht linear sind. Eine spezielle Klasse von solchen Gleichungen sind *autonome* Systeme. Sie werden beispielsweise in der *Kinetik* benutzt, um chemische Reaktionen zu modellieren. Um solche Systeme zu definieren, betrachten wir eine Differenzialgleichung 1. Ordnung für eine unbekannte Funktion $y = y(t)$ bei bekannter Eingangsgröße $x = x(t)$:

$$y'(t) = \text{Ausdruck in } t, \ y(t) \text{ und der Eingangsgröße } x(t)$$

Hat der Ausdruck auf der rechten Seite der Gleichung keine Eingangsgröße $x = x(t)$ – d. h. das System wird nicht von außen beeinflusst – und hängt der Ausdruck nicht von der Variablen t ab, so spricht man von einer *autonomen* Differenzialgleichung oder einem *autonomen* System. Abb. 6.3 visualisiert ein solches System schematisch.

Beispiele von autonomen Differenzialgleichungen für $y = y(t)$ sind

$$\frac{dy}{dt} = y(t) = y, \qquad \frac{dy}{dt} = y^2, \qquad \frac{dy}{dt} = y^3 \cdot \sin(y)$$

Die Differenzialgleichung $dy/dt = 1 + y \cdot \cos t$ ist nicht autonom. Die rechte Seite der Gleichung hängt von $\cos t$ und damit von t ab.

Beispiel 6.3 (Chemische Reaktion) In einer Säure reagiert das Molekül Hex-1-ene mit Iod I_2. Es entsteht das Molekül 1,2-Diodohexan (siehe [4]). Dadurch wird I_2 abgebaut. Abb. 6.4 zeigt den gemessenen Abbau von I_2 während $8\,000\,s$ bei einer Startkonzentration von $[I_2] = 0,0200\,mol\,dm^{-3}$ und einer Temperatur von $298\,K$ (aus [3]). Für die vorhandene Konzentration $[I_2] = [I_2](t)$ gilt das physikalische Gesetz

Abb. 6.3 Ein autonomes System mit Antwort $y = y(t)$

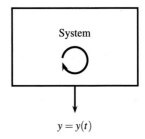

Abb. 6.4 Abbau von I_2 durch eine chemische Reaktion

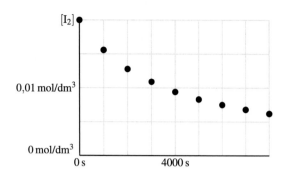

$$\frac{d[I_2]}{dt} = -k \cdot [I_2]^2$$

Dies ist eine Differenzialgleichung 1. Ordnung, die nicht linear ist. Sie ist autonom. Die Potenz Zwei bei $[I_2]^2$ wird als eine chemische Reaktion 2. Ordnung bezeichnet.

Beispiel 6.4 (Fallender Tennisball mit Luftwiderstand) Lässt man einen Tennisball mit Masse $m = 58{,}0\,\text{g}$ fallen, so wirken auf ihn zwei Kräfte. Erstens wirkt die Gravitationskraft $F_G = m \cdot g$ mit $g = 9{,}81\,\text{m/s}^2$. Zweitens wirkt die Luftwiderstandskraft F_W, die proportional zum Quadrat der Fallgeschwindigkeit $v = v(t)$ des Balls ist. Mit dem Gesetz von Newton ist damit

$$m \cdot \frac{dv}{dt} = m \cdot g - c \cdot v(t)^2 = m \cdot g - c \cdot v^2$$

Für die Konstante c gilt

$$c = 0{,}5 \cdot \rho_L \cdot c_W \cdot A$$

mit der Luftdichte $\rho_L = 1{,}293\,\text{kg/m}^3$, dem Widerstandsbeiwert c_W, der bei einem Tennisball ungefähr $0{,}4$ beträgt, und dem Querschnitt $A = \pi \cdot r^2$ des Tennisballs. Der Radius eines Normtennisballs ist $r = 0{,}0325\,\text{m}$. Die obige Differenzialgleichung 1. Ordnung ist wegen des Summanden $c \cdot v^2$ nicht linear. Sie ist autonom, da dv/dt nur von v und nicht explizit von der Zeit t abhängt.

Allgemein lautet ein AWP mit einer autonomen Differenzialgleichung 1. Ordnung für $y = y(t)$

$$y'(t) = \text{Ausdruck in } y(t) \qquad \text{mit} \quad y(0) = y_0$$

Wir schreiben die rechte Seite der Gleichung als $f(y(t))$. Dabei sei $f = f(y)$ beliebig oft differenzierbar. Wir wollen nun annehmen, dass $f(y(t))$ nicht null ist. Daher können wir die autonome Differenzialgleichung wie folgt schreiben:

$$\frac{1}{f(y(t))} \cdot y'(t) = 1$$

Es sei $I(y)$ eine Stammfunktion von $1/f(y)$. Dann hat die Funktion $G(t) = I(y(t))$ die folgende Ableitung:

$$\frac{dG}{dt} = \frac{d}{dt}I(y(t)) = \frac{dI}{dy} \cdot \frac{dy}{dt} = \frac{1}{f(y)} \cdot y'(t)$$

Die Funktion $G(t) = I(y(t))$ erfüllt damit die Differenzialgleichung

$$\frac{dG}{dt} = 1$$

Die Gleichung können wir mit dem Hauptsatz der Infinitesimalrechnung (Theorem 4.2) lösen:

$$G(t) = G(0) + \int_0^t 1 \, d\tau = G(0) + t$$

Diese Gleichung ist aber nur gültig, *solange* $f(y(t))$ nicht null ist. Da $G(t) = I(y(t))$ ist, erhalten wir

$$I(y(t)) = I(y(0)) + t \tag{6.1}$$

Die Stammfunktion $I = I(y)$ ist in der Regel nicht linear in y. Daher kann man diese Gleichung nicht immer nach y auflösen. Zudem ist nicht garantiert, dass sie eine eindeutige Lösung hat. Dazu muss zuerst die rechte Seite der Gleichung im Wertebereich der Funktion $I = I(y)$ sein. Zusätzlich muss die Funktion injektiv sein. In diesem Fall haben wir eine eindeutige Lösung

$$y = y(t) = I^{-1}\left(I(y(0)) + t\right)$$

Die Gl. (6.1) kann man auch formal herleiten. Dazu stellen wir die Differenzialgleichung $dy/dt = f(y)$ um:

$$\frac{dy}{f(y)} = dt = 1 \cdot dt$$

Wir ändern die Variable t zu τ. Anschließend integrieren wir auf beiden Seiten von 0 bis t – dann variiert y von $y(0)$ bis $y = y(t)$ –. Daher ist:

$$\int_{y(0)}^{y(t)} \frac{dy}{f(y)} = \int_0^t 1 \cdot d\tau$$

Die linke Seite der Gleichung ist gleich $I(y(t)) - I(y(0))$, weil $I(y)$ eine Stammfunktion von $1/f(y)$ ist. Die rechte Seite ist gleich $t - 0 = t$, weil t eine Stammfunktion von 1 ist. Damit erhalten wir die Gl. (6.1) für $y = y(t)$:

$$I(y(t)) - I(y(0)) = t$$

Man nennt dieses Vorgehen die *Separation der Variablen*. Es folgen dazu zwei Beispiele:

Beispiel 6.5 (Separation der Variablen) Bei der autonomen Differenzialgleichung $y'(t) = \sin y$ ist $f = f(y) = \sin y$. Als Anfangsbedingung habe man $y(0) = \pi/2$. Beim Startpunkt $t = 0$ ist $f(y) = f(y(0)) = \sin(\pi/2) = 1 \neq 0$. Daher können wir die Differenzialgleichung durch $f(y) = \sin y$ dividieren. Wir separieren anschließend die Variablen t und y und integrieren:

$$\frac{dy}{\sin y} = dt \quad \text{und damit} \quad \int_{y(0)}^{y(t)} \frac{dy}{\sin y} = \int_0^t 1 \, d\tau = t$$

Wir berechnen jetzt eine Stammfunktion von $1/\sin y$:

```
matlab> syms y;
matlab> int(1/sin(y), y)
   ans =
      log(tan(y/2))
```

Daher ist

$$\ln\left(\tan\left(\frac{y(t)}{2}\right)\right) - \ln\left(\tan\left(\frac{y(0)}{2}\right)\right) = t$$

Die Lösung $y = y(t)$ der Differenzialgleichung mit $y(0) = \pi/2$ erfüllt – weil $\ln(\tan(\pi/4)) = 0$ ist – die Gleichung

$$\ln\left(\tan\left(\frac{y(t)}{2}\right)\right) = t$$

Wir können die Gleichung nach y auflösen. Damit ist

$$y = y(t) = 2 \cdot \arctan(\exp(t))$$

Die erhaltene Lösung ist für alle $t > 0$ gültig. Abb. 6.5 zeigt den Graph der Antwort $y = y(t)$ für t zwischen 0 und 10. Die Antwort des autonomen Systems ist in stabilem Zustand: $y(t) \approx \pi$.

Abb. 6.5 Graph der Antwort $y = 2 \cdot \arctan(\exp(t))$

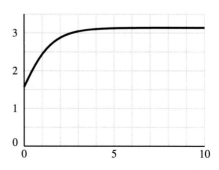

Beispiel 6.6 (Explodierendes Zellwachstum) Beim Beispiel 6.1 zur Population $P = P(t)$ von Zellen ist das Modell

$$\frac{dP}{dt} = \gamma \cdot (P(t))^2 = \gamma \cdot P^2$$

Die Differenzialgleichung ist autonom mit $f(P) = \gamma \cdot P^2$. Die Anfangspopulation sei $P(0) = 10$. Damit ist $f(P(0)) = f(10) = \gamma \cdot 10^2 \neq 0$. Wir können die Differenzialgleichung daher durch P^2 dividieren. Anschließend separieren wir die Variablen t und P. Dann integrieren wir:

$$\frac{dP}{P^2} = \gamma \cdot dt \quad \text{und damit} \quad \int_{P(0\,s)}^{P(t)} \frac{dP}{P^2} = \gamma \cdot \int_0^t 1 \, d\tau = \gamma \cdot t$$

Eine Stammfunktion von $1/P^2$ ist $I = I(P) = -1/P$. Somit ist

$$-\frac{1}{P(t)} - \left(-\frac{1}{P(0)}\right) = \gamma \cdot t$$

Mit der Anfangsbedingung $P(0) = 10$ wird

$$P = P(t) = \frac{1}{0{,}1 - \gamma \cdot t}$$

Wir sehen, dass die Lösung nur für t zwischen 0 und $0{,}1/\gamma$ gültig ist. Dann explodiert die Lösung $P = P(t)$.

Beispiel 6.7 (Schlechter Startwert) Beim Beispiel 6.2 lautet die autonome Differenzialgleichung

$$\frac{dy}{dt} = \sqrt{y(t)}$$

Die Anfangsbedingung lautet $y(0) = 0$. Es gilt $f(y) = \sqrt{y}$. Damit wird der Funktionswert $f(y) = \sqrt{0} = 0$, wenn $t = 0$ ist. Wir können die Differenzialgleichung nicht durch $\sqrt{y}$ dividieren. Die Variablen t und y sind nicht separierbar.

Taschenrechner, MATLAB und Julia sind in der Lage, die Variablen bei autonomen Differenzialgleichungen zu separieren. Um die Methode anzuwenden, müssen die unbestimmten Integrale symbolisch berechenbar sein. Die Eingaben sind dabei gleich wie bei linearen Differenzialgleichungen. Wir benutzen im Folgenden MATLAB und Julia, um weitere AWPe für autonome Systeme zu lösen:

Beispiel 6.8 (Chemische Reaktion) Beim Beispiel 6.3 zum Abbau von Iod I_2 lautet die autonome Differenzialgleichung

$$\frac{d[I_2]}{dt} = -k \cdot [I_2]^2$$

Die Anfangskonzentration ist $[I_2](0\,s) = 0{,}0200\,mol\,dm^{-3}$. Es ist $f([I_2]) = -k \cdot [I_2]^2$. Bei $t = 0$ ist f nicht null. Mit Julia können Sie wie folgt vorgehen, um die Konzentration zu berechnen:

```julia
julia> using SymPy
julia> k = Sym("k"); t = Sym("t"); I2 = SymFunction("I2")
julia> system = I2'(t) + k*I2(t)^2
julia> output = dsolve(system, I2(t), ics = (I2,0,0.02))
    I2(t) = 1/(k*t + 50.0)
```

Die Konzentration $[I_2] = [I_2](t)$ von Iod I_2 ist also

$$[I_2] = [I_2](t) = \frac{1}{k \cdot t + 50\,dm^3/mol}$$

Abb. 6.6 zeigt den Graph der Konzentration mit $k = 0{,}014\,dm^3 mol^{-1}s^{-1}$ und die gemessenen Werte aus Abb. 6.4. Das Modell stimmt sehr gut mit den Messwerten überein. Es findet keine Explosion in endlicher Zeit statt.

Beispiel 6.9 (Fallender Tennisball mit Luftwiderstand) Beim Beispiel 6.4 hat man für die Fallgeschwindigkeit $v = v(t)$ des Tennisballs die autonome Differenzialgleichung

$$\frac{dv}{dt} = g - 0{,}5 \cdot \frac{\rho_L}{m} \cdot c_W \cdot A \cdot v^2$$

Dabei sind $g = 9{,}81\,m/s^2$, $\rho_L = 1{,}293\,kg/m^3$. Bei einem Normtennisball sind folgende Werte gegeben: $m = 58\,g$, $A = 33{,}183\,cm^2$ und $c_W = 0{,}4$. Die Anfangsgeschwindigkeit sei $v(0\,s) = 0\,m/s$. Die rechte Seite der Differenzialgleichung ist damit für $t = 0\,s$ gleich $g \neq 0$. Wir können die Gleichung daher nach t und v separieren:

$$\frac{dv}{g - 0{,}5 \cdot \frac{\rho_L}{m} \cdot c_W \cdot A \cdot v^2} = dt$$

Abb. 6.6 Graph der Konzentration $[I_2] = [I_2](t)$

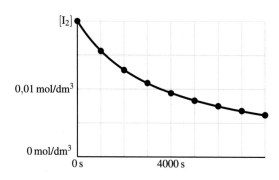

Mit MATLAB können wir $v = v(t)$ einfach berechnen und plotten:

```
matlab> syms t v(t);
matlab> system = diff(v,t) == 9.81 - 0.0147951*v^2;
matlab> output(t) = dsolve(system, v(0) == 0);
matlab> vpa(output,4)
   ans(t) =
      25.75*tanh(0.381*t)
matlab> fplot(@(t) output(t), [0, 10])
```

Es ist also

$$v = v(t) = 25{,}75 \,\text{m/s} \cdot \tanh(0{,}381\,\text{s}^{-1} \cdot t)$$

Man nennt die Funktion $y = \tanh(x)$ den hyperbolischen Tangens. Sie hat die Funktionsgleichung $\tanh(x) = (\exp(x) - \exp(-x))/(\exp(x) + \exp(-x))$. Wir haben damit

$$v = v(t) = 25{,}75 \,\text{m/s} \cdot \frac{e^{0{,}381\,\text{s}^{-1} \cdot t} - e^{-0{,}381\,\text{s}^{-1} \cdot t}}{e^{0{,}381\,\text{s}^{-1} \cdot t} + e^{-0{,}381\,\text{s}^{-1} \cdot t}}$$

Abb. 6.7 zeigt den Graph der Geschwindigkeitsfunktion. Vergeht sehr viel Zeit, so wird der Bruch etwa eins:

$$v \approx 25{,}75 \,\text{m/s} \cdot \frac{e^{0{,}381\,\text{s}^{-1} \cdot t} - 0}{e^{0{,}381\,\text{s}^{-1} \cdot t} + 0} = 25{,}75 \,\text{m/s} \cdot 1 = 25{,}75 \,\text{m/s}$$

Daher nähert sich die Fallgeschwindigkeit des Balls dem Wert $v = 25{,}75$ m/s. Wir können sie auch aus der Differenzialgleichung berechnen. Bei dieser Geschwindigkeit ist $dv/dt = 0$ m/s. Dies setzen wir in die Differenzialgleichung ein:

$$0 = g - 0{,}5 \cdot \frac{\rho_L}{m} \cdot c_W \cdot A \cdot v^2$$

Die Gleichung lösen wir nach v auf und erhalten

$$v = \sqrt{\frac{g \cdot m}{0{,}5 \cdot \rho_L \cdot c_W \cdot A}} = 25{,}75 \,\text{m/s}$$

Die Grenzgeschwindigkeit im Quadrat ist proportional zur Masse m und umgekehrt proportional zur Querschnittsfläche A des Balls.

Beispiel 6.10 (Ein Schiff folgt einem anderen Schiff) Ein Schiff A befinde sich zum Zeitpunkt $t = 0$ s im Ursprung eines xy-Koordinatensystems. Es bewege sich mit einer konstanten Geschwindigkeit v nach rechts auf der x-Achse (siehe Abb. 6.8). Zum Zeitpunkt $t = 0$ s befinde sich ein zweites Schiff B im Punkt mit Koordinaten $(0 \,|\, b)$. Es folgt dem Schiff A mit derselben Geschwindigkeit. Auf welcher Kurve $y = y(x)$ bewegt sich das Schiff B?

Abb. 6.7 Fallgeschwindigkeit $v = v(t)$ des Tennisballs

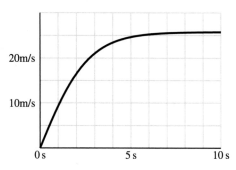

Abb. 6.8 Ein Schiff B folgt einem Schiff A, das auf der x-Achse fährt: Position der beiden Schiffe zum Zeitpunkt t

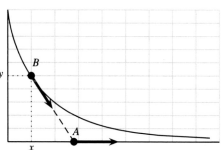

Zum Zeitpunkt t hat das Schiff A auf der x-Achse die Position $v \cdot t$. Die Position des Schiffs B ist $(x(t) \mid y(t))$. Der Geschwindigkeitsvektor $\mathbf{v}(t)$ des Schiffs B ist auf das Schiff A gerichtet:

$$\mathbf{v}(t) = \begin{pmatrix} x'(t) \\ y'(t) \end{pmatrix} \text{ ist proportional zu } \mathbf{BA} = \begin{pmatrix} v \cdot t - x(t) \\ 0 - y(t) \cdot \end{pmatrix}$$

Daher ist

$$\frac{y'(t)}{x'(t)} = -\frac{y}{v \cdot t - x}$$

Beide Schiffe fahren gleich schnell. Ihr Abstand ist daher konstant gleich b: $\|\mathbf{BA}\| = b$. Somit ist $(v \cdot t - x)^2 + y^2 = b^2$. Setzt man dies in den Nenner des Bruchs ein, erhält man die Gleichung

$$\frac{y'(t)}{x'(t)} = -\frac{y}{\sqrt{b^2 - y^2}}$$

Die linke Seite der Gleichung ist $(\mathrm{d}y/\mathrm{d}t)/(\mathrm{d}x/\mathrm{d}t) = \mathrm{d}y/\mathrm{d}x$. Daher folgt

$$\frac{\mathrm{d}y}{\mathrm{d}x} = -\frac{y}{\sqrt{b^2 - y^2}}$$

Dies ist eine autonome Differenzialgleichung 1. Ordnung für die gesuchte Kurve $y = y(x)$. Versucht man, sie mit MATLAB zu lösen, erhält man eine Warnung:

```
matlab> syms b x y(x);
matlab> system = diff(y,x) == -y/sqrt(b^2-y^2);
matlab> output(x) = dsolve(system, y(0) == b)
   Warning: Unable to find explicit solution.
   Returning implicit solution instead.
   output(x) =
   solve((b^2-y^2)^(1/2)-b*atanh((b^2-y^2)^(1/2)/b)==-x,y)
```

MATLAB zeigt, dass die Gl. (6.1) nicht nach $y = y(x)$ aufgelöst werden kann:

$$\sqrt{b^2 - y^2} - b \cdot \operatorname{atanh}\left(\frac{\sqrt{b^2 - y^2}}{b}\right) = -x$$

Dies zeigt, wie kritisch die Separation der Variablen ist. Man wird nach der Separation der Variablen die entstandene Gleichung nicht immer nach der gesuchten Antwort auflösen können.

Man kann die Methode der Separation der Variablen auch bei nicht-autonomen Differenzialgleichungen anwenden. Wir betrachten als Beispiel das AWP

$$\frac{dy}{dt} = t \cdot x(t) \cdot y^2(t) \quad \text{mit} \quad y(0) = 1$$

Dabei ist $x = x(t)$ die bekannte Eingangsgröße. Die gesuchte Antwort ist $y = y(t)$. Es ist $y(0)^2 \neq 0$. Wir können daher die Gleichung durch y^2 dividieren. Anschließend separieren wir die Variablen t und y:

$$\frac{dy}{y^2} = t \cdot x(t) \cdot dt$$

Wir integrieren nun von 0 bis t, bzw. von $y(0)$ bis $y = y(t)$. Dabei ändern wir die Variable t im Integranden auf τ:

$$\int_{y(0)}^{y(t)} \frac{dy}{y^2} = \int_0^t \tau \cdot x(\tau) \cdot d\tau \quad \text{und damit} \quad -\frac{1}{y(t)} + \frac{1}{y(0)} = \int_0^t \tau \cdot x(\tau)\, d\tau$$

Daraus können wir $y = y(t)$ bestimmen. Ist $x = x(t) = \sin t$, so können Sie die Rechnung mit MATLAB oder Julia durchführen. Mit MATLAB sieht dies wie folgt aus:

```
matlab> syms t y(t);
matlab> x(t) = sin(t);
matlab> system = diff(y,t) == t*x*y^2;
matlab> output(t) = dsolve(system, y(0) == 1)
   output(t) =
```

Abb. 6.9 Graph von $y = y(t)$
mit Explosion bei $t \approx 1,6$

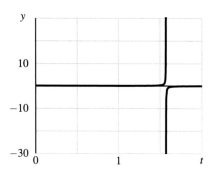

```
        1/(t*cos(t) - sin(t) + 1)
matlab> fplot(@(t) output(t), [0, 2])
```

Der Graph der Antwort $y = y(t) = 1/(t \cdot \cos t - \sin t + 1)$ in Abb. 6.9 zeigt, dass die Antwort nur für t kleiner als $1,6$ gilt. Dann findet eine Explosion statt.

Die etwas komplexere Differenzialgleichung $y'(t) = t \cdot x(t) \cdot y^2(t) + \cos t$ kann man nicht separieren.

6.3 Garantie für eine eindeutige Lösung

Es gibt wenige Differenzialgleichungen, die man mit einer Formel lösen kann. Dazu gehören lineare und einfache autonome Differenzialgleichungen. Formeln, um Differenzialgleichungen zu lösen, enthalten bestimmte Integrale. Diese können meist symbolisch nicht berechnet werden. Es ist daher wichtig, Verfahren zu haben, die Differenzialgleichungen mit numerischen Methoden approximativ lösen.

Wir betrachten dazu das Cauchyproblem für eine Differenzialgleichung 1. Ordnung für $y = y(t)$ mit bekannter Eingangsgröße $x = x(t)$:

$$\frac{\mathrm{d}y}{\mathrm{d}t} = \text{Ausdruck in } t, \ y(t) \text{ und der Eingangsgröße } x(t) \qquad \text{mit} \quad y(0) = y_0$$

Wir suchen die Antwort $y = y(t)$ für ein Zeitfenster t zwischen 0 und b. Numerische Methoden setzen voraus, dass das Cauchyproblem eine Lösung $y = y(t)$ in diesem Zeitfenster hat und eindeutig ist. Dies kann mit einem Test des Mathematikers Picard überprüft werden. Hier wird eine Variante des Tests verwendet. Um den Test zu notieren, denken wir uns die Eingangsgröße $x = x(t)$ in der obigen Gleichung eingesetzt. Damit hängt die rechte Seite nur von t und y ab. Wir notieren die Gleichung als

$$\frac{\mathrm{d}y}{\mathrm{d}t} = f(t, y) \qquad \text{mit} \quad y(0) = y_0 \tag{6.2}$$

Theorem 6.1 (Existenz und Eindeutigkeit der Antwort eines AWP) *Die Lösung* $y = y(t)$ *des Cauchyproblems (6.2) existiert im Zeitfenster zwischen 0 und b und ist eindeutig, wenn:*

1. *der Ausdruck* $f(t, y)$ *rechts in der Gl. (6.2) nach t und y ableitbar ist*
2. *und die partielle Ableitung* $\partial f / \partial y$ *für t im Zeitfenster zwischen 0 und b sowie für alle reellen Zahlen y beschränkt ist.*

Abb. 6.10 visualisiert den Bereich in grauer Farbe, in dem die beiden Bedingungen kontrolliert werden müssen. Für einen Beweis des Tests siehe [2] oder [5]. Hier drei Beispiele dazu:

Beispiel 6.11 (Lineare Differenzialgleichung) Gesucht ist die Antwort $y = y(t)$ des AWP

$$\frac{dy}{dt} = -4t \cdot y(t) + x(t) \quad \text{mit } y(0) = 2$$

Die Eingangsgröße ist $x = x(t) = \sin(\omega \cdot t)$. Wir wollen garantieren, dass die Antwort $y = y(t)$ des Systems für Zeitpunkte von 0 bis 100 eindeutig ist. Der Ausdruck rechts des Gleichheitszeichens ist eine Funktion f von t und y, wenn $x = x(t)$ eingesetzt wird. Er lautet $f(t, y) = -4 \cdot t \cdot y + \sin(\omega \cdot t)$. Diese Funktion ist partiell nach t und y ableitbar. Damit ist die erste Bedingung erfüllt. Die partielle Ableitung von f nach y ist:

$$\frac{\partial f}{\partial y} = -4t$$

Für t zwischen 0 und 100 variiert der Ausdruck $-4t$ zwischen 0 und -400. Er ist daher beschränkt. Damit ist die zweite Bedingung erfüllt. Die Antwort $y = y(t)$ ist eindeutig und explodiert nicht.

Beispiel 6.12 (Autonome Differenzialgleichung) Beim Beispiel 6.5 lautet die Differenzialgleichung $y'(t) = \sin(y(t))$. Die Anfangsbedingung ist $y(0) = \pi/2$. Wir wollen $y = y(t)$

Abb. 6.10 Grauer Bereich: Beide Bedingungen erfüllt, also eindeutige Lösung $y = y(t)$ ohne Explosion für $0 \le t \le b$

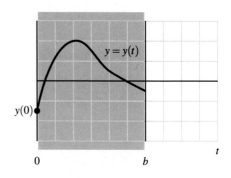

für t zwischen 0 und 20 garantieren. Die rechte Seite in der Differenzialgleichung ist die Funktion $f(t, y) = \sin y$. Wir können die Funktion partiell nach t und y ableiten: $\partial f / \partial t = 0$ und $\partial f / \partial y = \cos y$. Der zweite Term bleibt für alle t zwischen 0 und 20 und für alle reellen Zahlen y beschränkt. Er variiert zwischen -1 und 1. Daher existiert $y = y(t)$ mit t zwischen 0 und 20.

Beispiel 6.13 (Chemische Reaktion) Beim Beispiel 6.3 zum Abbau von Iod I_2 lautet das Cauchyproblem

$$\frac{d[I_2]}{dt} = -k \cdot [I_2]^2 \quad \text{mit} \quad [I_2](0\,\text{s}) = 0{,}0200\,\text{mol dm}^{-3}$$

Die rechte Seite der Differenzialgleichung ist eine Funktion in t und $[I_2]$: $f(t, [I_2]) = -k \cdot [I_2]^2$. Wir wollen eine eindeutige Lösung $[I_2] = [I_2](t)$ für Zeitpunkte t zwischen 0 und b garantieren. Die partiellen Ableitungen von f nach t und $[I_2]$ existieren. Insbesondere ist

$$\frac{\partial f}{\partial [I_2]} = -2k \cdot [I_2]$$

Dieser Ausdruck kann beliebig groß gemacht werden, wenn $-[I_2]$ genügend groß ist. Die zweite Bedingung ist nicht erfüllt. Wir haben daher keine Garantie, dass die Differenzialgleichung mit der gegebenen Anfangskonzentration eine Lösung hat. Die Rechnung zu Beispiel 6.8 hat gezeigt, dass die Lösung dennoch existiert und eindeutig ist.

6.4 Das Euler-Vorwärts- oder Cauchy-Verfahren

Alle Verfahren, die die Lösung $y = y(t)$ für t zwischen 0 und b eines Cauchyproblems, gegeben durch Gl. (6.2)

$$\frac{dy}{dt} = f(t, y) \quad \text{mit} \quad y(0) = y_0$$

numerisch approximieren, gehen ähnlich vor. Das Zeitintervall $[0, b]$ wird in n Teilintervalle zerlegt, die eine Länge von $h = b/n$ haben. Man nennt h die *Schrittweite* (engl. *stepsize*). Man sucht dann für jeden Zeitpunkt $t_i = i \cdot h$ einen zugehörigen Funktionswert $y_{\text{approx}}(t_i)$, der $y(t_i)$ approximiert. Zwischen diesen Werten wird die Funktion dann linear interpoliert. Abb. 6.11 zeigt das Gesagte.

Das *Cauchy-* oder das *Euler-Vorwärts-Verfahren* (oder auch das *explizite Euler-Verfahren*) basiert auf der zentralen Approximationsformel $y(t + \Delta t) \approx y(t) + y'(t) \cdot \Delta t$. Wir führen das Verfahren an einem Beispiel aus:

Beispiel 6.14 (Euler-Vorwärts-Verfahren) Gegeben sei das Cauchyproblem

$$y'(t) = -4 \cdot y(t) + 3 \cdot \sin(6 \cdot t) \quad \text{mit} \quad y(0) = 5$$

Abb. 6.11 Graph der Antwort $y = y(t)$ und zugehörige Approximation $y_{\text{approx}}(t)$ mit Punkten und Geradenstücken

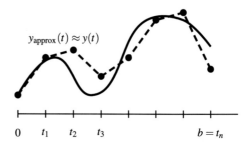

für die Funktion $y = y(t)$. Da die Differenzialgleichung linear ist, ist die Lösung $y = y(t)$ definiert und eindeutig. Die rechte Seite der Differenzialgleichung ist der Ausdruck $f(t, y) = -4 \cdot y + 3 \cdot \sin(6 \cdot t)$.

Wir wollen die Lösung $y = y(t)$ numerisch mit der Approximation $y_{\text{approx}}(t)$ für Zeitpunkte $0 \leq t \leq 2$ berechnen. Als Schrittweite wählen wir $h = 0{,}4$. Kennt man die Lösung $y = y(t)$ zum Zeitpunkt t_i, so hat man

$$y(t_i + h) \approx y(t_i) + y'(t_i) \cdot h$$

Wir benutzen die Differenzialgleichung $y'(t_i) = f(t_i, y(t_i))$, um die auftretende Ableitung zu berechnen:

$$y(t_i + h) \approx y(t_i) + f(t_i, y(t_i)) \cdot h = y(t_i) + [-4 \cdot y(t_i) + 3 \cdot \sin(6 \cdot t_i)] \cdot h \qquad (6.3)$$

Mit dieser Gleichung können wir nun approximative Werte von $y(t)$ berechnen. Der Startwert ist der Anfangswert von $y(t)$: $y_{\text{approx}}(0) = y(0) = 5$. Der erste Zeitpunkt bei der Schrittweite $h = 0{,}4$ ist $t = 0{,}4$. Wir bestimmen $y(0{,}4)$ approximativ, indem wir die Gl. (6.3) mit $t_i = 0$ benutzen:

$$y_{\text{approx}}(0{,}4) = y_{\text{approx}}(0) + [-4 \cdot y_{\text{approx}}(0) + 3 \cdot \sin(6 \cdot 0)] \cdot 0{,}4 = 5 - 20 \cdot 0{,}4 = -3{,}00$$

Der zweite Zeitpunkt liegt bei $t = 0{,}4 + h = 0{,}8$. Somit ist – mit $t_i = 0{,}4$ –:

$$y_{\text{approx}}(0{,}8) = y_{\text{approx}}(0{,}4) + [-4 \cdot y_{\text{approx}}(0{,}4) + 3 \cdot \sin(6 \cdot 0{,}4)] \cdot 0{,}4 = 2{,}61$$

Der nächste Wert, um $y = y(t)$ zu approximieren, ist – mit $t_i = 0{,}8$ –:

$$y_{\text{approx}}(1{,}2) = y_{\text{approx}}(0{,}8) + [-4 \cdot y_{\text{approx}}(0{,}8) + 3 \cdot \sin(6 \cdot 0{,}8)] \cdot 0{,}4 = -2{,}76$$

Mit zwei weiteren Iterationen der Formel erhalten wir $y_{\text{approx}}(1{,}6) = 2{,}61$ und $y_{\text{approx}}(2) = -1{,}77$. Abb. 6.12 visualisiert die berechneten Werte. Zum Vergleich ist der Graph der exakten Lösung $y = y(t) = 5{,}346 \cdot e^{-4t} - 0{,}416 \cdot \cos(6t + 0{,}588)$ gezeichnet.

Abb. 6.12 Graph der Lösung
$y = y(t)$ der
Differenzialgleichung und der
Approximation mit dem
Euler-Verfahren mit
Schrittweite $h = 0{,}4$

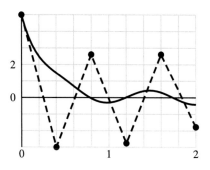

Eine bessere Approximation erhält man mit einer Schrittweite von $h = 0{,}1$. Dies können wir mit MATLAB wie folgt tun. Zuerst programmieren wir die Ableitung $dy/dt = f(t, y) = -4 \cdot y + 3 \cdot \sin(6 \cdot t)$ als eine Funktion von t und y:

```
matlab> syms t y;
matlab> dydt(t,y) = -4*y + 3*sin(6*t);
```

Das Euler-Vorwärts-Verfahren führen wir mit einer `for`-Schleife aus. In der `for`-Schleife steckt die zentrale Approximationsformel $y(t + h) = y(t) + y'(t) \cdot h$. Anschließend visualisieren wir die berechneten Werte. Dabei verbinden wir die Werte mit Geradenstücken:

```
matlab> h = 0.1; t = 0:h:2;
matlab> yAppr(1) = 5;
matlab> for i = 1:(length(t)-1)
            yAppr(i+1) = yAppr(i) + dydt(t(i),yAppr(i))*h;
        end
matlab> plot(t, yAppr, 'o-')
```

Die approximierten Werte sind im Vektor `yAppr` gespeichert. Mit Julia können wir analog vorgehen:

```
julia> dydt(t,y) = -4*y + 3*sin(6*t)
julia> h = 0.1; t=0:h:2
julia> yAppr = [5.0]
julia> for i = 1:(length(t)-1)
            push!(yAppr, yAppr[i]+dydt(t[i],yAppr[i])*h)
        end
julia> using Plots
julia> plot(t, yAppr, marker = :circle, w=2, label= "")
```

Abb. 6.13 zeigt, dass die exakte Lösung nun gut approximiert wird.

Abb. 6.13 Graph der Lösung
$y = y(t)$ der
Differenzialgleichung und der
Approximation mit dem
Euler-Verfahren mit
Schrittweite $h = 0,1$

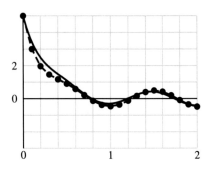

Wird der Fehler der Approximation beim Euler-Vorwärts-Verfahren immer kleiner, wenn die Schrittweite stets kleiner gewählt wird? Dies wird in den folgenden drei Rechenschritten geklärt. Das AWP lautet

$$\frac{\mathrm{d}y}{\mathrm{d}t} = f(t, y) \quad \text{mit} \quad y(0) = y_0$$

Wir nehmen an, dass $\partial f / \partial y$ beschränkt sei. Damit hat das AWP eine eindeutige Lösung. Wir berechnen den Fehler der Approximation beim Euler-Verfahren mit Hilfe der Abb. 6.14. Sie zeigt die zwei ersten berechneten Werte α und β mit dem Euler-Vorwärts-Verfahren.

(1) Zuerst bestimmen wir den Fehler, der beim ersten Rechenschritt entsteht. Mit der zentralen Approximationsformel ist

$$y(t_1) = y(0) + y'(0) \cdot h + \mathcal{O}(h^2) \quad \text{für} \quad h \to 0$$

Mit dem Euler-Vorwärts-Verfahren erhalten wir α wie folgt:

$$\alpha = y(0) + f(0, y(0)) \cdot h = y(0) + y'(0) \cdot h$$

Abb. 6.14 Graph der Lösung
$y = y(t)$, sowie erster und
zweiter Wert α und β mit dem
Euler-Vorwärts-Verfahren

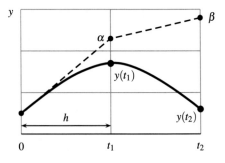

Der Fehler bei t_1 ist also $\alpha - y(t_1) = \mathcal{O}(h^2)$, wenn h klein ist. Er ist proportional zu h^2 und er wird den *Abschneidefehler* (engl. *truncation error*) genannt. Der Fehler für α strebt gegen null, wenn h sich null nähert. Man sagt, dass das Euler-Verfahren *konsistent* ist.

(2)   Wir berechnen nun den Fehler für den zweiten Wert β des Euler-Vorwärtsverfahrens. Mit der zentralen Approximationsformel ist

$$y(t_2) = y(t_1) + y'(t_1) \cdot h + \mathcal{O}(h^2) \quad \text{für} \quad h \to 0$$

Beim Euler-Vorwärts-Verfahren ist $\beta = \alpha + f(t_1, \alpha) \cdot h$. Damit wird der Fehler bei t_2:

$$\text{Fehler bei } t_2 = \beta - y(t_2) = \alpha - y(t_1) + (f(t_1, \alpha) - y'(t_1)) \cdot h + \mathcal{O}(h^2)$$

Die Differenzialgleichung besagt, dass $y'(t_1) = f(t_1, y(t_1))$ lautet. Daher ist der lineare Summand in h die Differenz zwischen zwei Funktionswerten Δf von f. Mit dem Differenzial von f folgt, dass $\Delta f \approx \partial f / \partial y \cdot \Delta y$ ist. Die Differenz Δy ist gleich $\alpha - y(t_1)$. Wir setzen $L = \partial f / \partial y$ und erhalten:

$$\text{Fehler bei } t_2 = \text{Fehler bei } t_1 + \text{Fehler bei } t_1 \times (L \cdot h) + \mathcal{O}(h^2)$$

Damit ist

$$\text{Fehler bei } t_2 = \text{Fehler bei } t_1 \times (1 + L \cdot h) + \mathcal{O}(h^2) \quad \text{für} \quad h \to 0$$

Diese Formel kann man iterieren, um den Fehler bei t_3, bei t_4 usw. zu berechnen.

(3)   Die Fehler des Euler-Vorwärts-Verfahrens bei t_1, bei t_2, bei t_3, ... bilden nach Theorem 2.2 eine geometrische Reihe mit Faktor $1 + L \cdot h$. Damit ist mit Gl. (2.1):

$$\text{Fehler bei } t_{i+1} = \mathcal{O}(h^2) \cdot \frac{1 - (1 + L \cdot h)^{i+1}}{1 - (1 + L \cdot h)} = \frac{1}{L} \cdot \mathcal{O}(h) \cdot ((1 + L \cdot h)^{i+1} - 1)$$

Weil $(i + 1) \cdot h = t_{i+1}$ ist, kann der rechte Faktor mit der Definition des Exponentialfunktion $\exp(x) \approx (1 + x/n)^n$ (siehe Angewandte Mathematik Bd. 1, [1]) für große Zahlen i vereinfacht werden:

$$(1 + L \cdot h)^{i+1} = \left(1 + \frac{L \cdot t_{i+1}}{i + 1}\right)^{i+1} \approx \exp(L \cdot t_{i+1})$$

Daher folgt

$$\text{Fehler bei } t_{i+1} \approx \frac{1}{L} \cdot (\exp(L \cdot t_{i+1}) - 1) \cdot \mathcal{O}(h) \quad \text{für} \quad h \to 0$$

Mit dieser Formel folgt tatsächlich, dass der Fehler umso kleiner wird, je kleiner die Schrittweite h gewählt wird.

Abschließend kann man das Folgende zeigen (siehe [2, 6] oder [7]):

Theorem 6.2 (Fehler beim Euler-Vorwärts-Verfahren) *Gegeben ist das AWP für eine Differenzialgleichung 1. Ordnung für $y = y(t)$:*

$$y'(t) = f(t, y) \quad mit \quad y(0) = y_0$$

Dabei sei f für alle Zeitpunkte t zwischen 0 und b ableitbar. Zudem bleibe $\partial f / \partial y$ für alle reellen Zahlen y beschränkt. Löst man das AWP approximativ mit dem Euler-Vorwärts-Verfahren mit Schrittweite h, so gilt für den Fehler der Approximation:

$$Fehler \leq \frac{\exp(L \cdot b) - 1}{L} \cdot d \cdot h$$

Dabei ist L der Maximalwert von $|\partial f / \partial y|$. Die Konstante d ist gleich dem Maximalwert von $|df(t, y(t))/dt|$ für t zwischen 0 und b.

Die Fehlerabschätzung zeigt, dass das Verfahren von Euler linear konvergiert. Sie zeigt auch, dass der Fehler exponentiell mit der Länge des Zeitintervalls zunehmen kann. Für $L = 2$ und einem Zeitfenster von 100, erhält man

$$Fehler \leq \frac{\exp(2 \cdot 100) - 1}{100} \cdot d \cdot h = 7{,}3 \cdot 10^{84} \cdot d \cdot h$$

Wenn $d = 1$ ist, benötigen wir eine Schrittweite von mindestens 10^{-87}, um brauchbare Resultate zu erhalten. Der so berechnete Fehler kann allerdings kleiner als bei der obigen Fehlerformel sein. So kann man zeigen, dass für lineare dynamische Systeme, die stabil sind, die obige Fehlerabschätzung viel zu groß ist, da sich die Fehler bei jedem Rechenschritt durch verschiedene Vorzeichen teilweise aufheben. Der Satz zeigt aber, dass Resultate von computersimulierten, dynamischen Systemen mit Vorsicht interpretiert werden müssen.

Die obige Fehlerabschätzung wurde unter der Annahme hergeleitet, dass die numerische Lösung $y_{approx}(t)$ mit exakter Arithmetik berechnet wird. Beziehen wir die Rundungsfehler des Rechners ein, so werden diese riesig, wenn h sehr klein ist. Es ist daher kaum sinnvoll, h kleiner als einen zu definierenden Schwellenwert zu wählen. MATLAB und Julia versuchen einen zu definierenden optimalen Schwellenwert zu bestimmen, bevor sie die Differenzialgleichung numerisch lösen.

Im Folgenden werden verschiedene dynamische Systeme numerisch mit MATLAB und Julia gelöst. Beide Computerprogramme benutzen das *Runge-Kutta-* oder ein anderes *Mehrschrittverfahren* (siehe [6]). Diese Verfahren haben eine schnellere Konvergenz als das Euler-Vorwärts-Verfahren. Das Euler-Vorwärts-Verfahren berechnet die Ableitung $y'(t)$ einmal pro Zeitfenster h. Die anderen Verfahren berechnen die Ableitung $y'(t)$, indem sie bei einer Schrittweite die Ableitung $y'(t)$ zu verschiedenen Punkten des Intervalls mit Endpunkten t und $t + h$ ausrechnen und dann geeignet mitteln.

Beispiel 6.15 (Mischproblem im Tank) Beim Beispiel 5.10 ist die Salzmenge $S = S(t)$ in einem Tank gesucht. Die Eingangsgröße $x(t) = c(t)$ im einfließenden Rohr sei

$$c = c(t) = 1\,\mathrm{kg/L} \cdot \exp(\sin(\omega \cdot t))$$

mit $\omega = 1\,\mathrm{s}^{-1}$. Abb. 5.10 zeigt den Graph von $c = c(t)$. Die lineare Differenzialgleichung für die Salzmenge lautet:

$$\frac{\mathrm{d}S}{\mathrm{d}t} = -2\,\mathrm{L/s} \cdot \frac{S(t)}{100\,\mathrm{L}} + 2\,\mathrm{L/s} \cdot c(t)$$

Wie in Abschn. 5.4 gezeigt, kann man die Methode von Duhamel nicht anwenden, da $c = c(t)$ keine explizite Stammfunktion hat. Das System ist stabil, da $\lambda = -2/100\,\mathrm{s}^{-1} < 0$ ist. Mit MATLAB können wir daher das Euler-Verfahren anwenden. Zuerst wird die Differenzialgleichung $\mathrm{d}S/\mathrm{d}t = f(t, S)$ in einem Funktions-File gespeichert. Der Input der Funktion ist t und S. Der Output ist die Ableitung $\mathrm{d}S/\mathrm{d}t$:

```
function dSdt = tank(t,S)
    dSdt = -2/100*S + 2*exp(sin(t));
end
```

Das Zeitfenster soll $0\,\mathrm{s} \le t \le 100\,\mathrm{s}$ sein. Die Anfangsbedingung ist $S(0\,\mathrm{s}) = 5\,\mathrm{kg}$. Ein Euler-Mehrschrittverfahren ist:

```
matlab>[t,SApprox] = ode45 (@tank, [0, 100], 5);
```

Die Komponenten des Vektors `SApprox` sind die approximierten Werte für die gesuchte Salzmenge $S = S(t)$. Den Graph der Approximation können Sie mit

```
matlab> plot(t,SApprox)
```

zeichnen. Abb. 6.15 zeigt ihn.

Mit Julia können Sie wie folgt vorgehen: Wie mit MATLAB wird die Differenzialgleichung $\mathrm{d}S/\mathrm{d}t = f(t, S)$ als Funktion gespeichert. Der Input der Funktion ist t und S. Der Output ist die Ableitung $\mathrm{d}S/\mathrm{d}t$:

```
julia> dSdt(S,p,t) = -2/100*S+2*exp(sin(t))
```

Abb. 6.15 Antwort der Salzmenge $S = S(t)$ im Tank

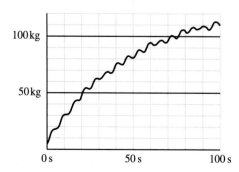

Anschließend benutzen Sie das Euler-Vorwärts-Verfahren und plotten die Lösung $S = S(t)$:

```julia
julia> using DifferentialEquations, Plots
julia> system = ODEProblem(dSdt, 5.0, (0.0, 100.0))
julia> SApprox = solve(system,Tsit5())
julia> plot(SApprox,label="S=S(t)", w=3)
```

Aufgaben

6.1 Sind die folgenden Differenzialgleichungen für $y = y(t)$ autonom?

$$\text{(a)} \quad y'(t) = -y^2(t) \qquad \text{(b)} \quad y'(t) = \frac{1}{1 + y(t)}$$

Lösen Sie die beiden Differenzialgleichungen ohne Rechner mit der Methode der Separation der Variablen. Bei (a) lautet die Anfangsbedingung $y(0) = 10$ und bei (b) ist sie $y(0) = 1$. Kontrollieren Sie die Resultate mit einem Taschenrechner, mit MATLAB oder mit Julia.

6.2 Es sei $x = x(t)$ die Position eines Körpers, der sich entlang der x-Achse mit der Geschwindigkeit $x'(t)$ bewegt. Die Geschwindigkeit sei $x'(t) = -\exp(-x(t))$. Ist das System autonom? Wie lange dauert es, bis der Körper den Punkt $x = 0$ erreicht, wenn er bei $x(0) = 5$ startet?

6.3 Die folgenden Cauchyprobleme für $y = y(t)$ mit $t \geq 0$ sind mit der Methode der Separation der Variablen lösbar:

$$\text{(a)} \quad y'(t) = -2t \cdot y(t), \quad y(0) = 10 \qquad \text{(b)} \quad y'(t) = t^2 \cdot e^{-y(t)}, \quad y(0) = 1$$

Bestimmen Sie $y = y(t)$ ohne Rechner. Überprüfen Sie die Resultate mit einem Taschenrechner, mit MATLAB oder mit Julia. Zeichnen Sie die Graphen von $y = y(t)$ für $0 \leq t \leq 20$.

6.4 Im Jahr 1837 entdeckte der belgische Biologe und Mathematiker Verhulst das folgende Gesetz für eine Zellkultur, welche sich infolge Zellteilung sowohl vermehrt als auch gleichzeitig infolge Absterbens verkleinert:

Ist $y = y(t)$ die Anzahl einer Zell-Population nach t Zeiteinheiten, so ist

1. die Wachstumsrate von $y(t)$ (Zellteilung) proportional zur bestehenden Anzahl der Zellen (der Proportionalitätsfaktor sei a),
2. die Zerfallsrate von $y(t)$ (Absterben) proportional zum Quadrat der bestehenden Anzahl der Zellen (der Proportionalitätsfaktor sei b).

(a) Stellen Sie die Differenzialgleichung auf, die das Gesetz für $y = y(t)$ modelliert. Ist die Differenzialgleichung linear? Ist sie autonom?

(b) Zum Zeitpunkt $t = 0$ beobachtet man 30 Zellen. Bestimmen Sie $y(t)$ mit einem Taschenrechner, mit MATLAB oder mit Julia, wenn $a = 20$ und $b = 0{,}5$ sind. Wie groß ist $y(t)$ in etwa, wenn t sehr groß ist? Zeichnen Sie den Graph von $y(t)$.

(c) Wie muss man $y(0)$ – in Funktion von a und b – wählen, damit die Anzahl der Zellen $y = y(t)$ konstant bleibt?

6.5 Gegeben ist das Cauchyproblem für $y = y(t)$

$$\frac{dy}{dt} = (y(t))^{1/3} \quad \text{mit} \quad y(0) = y_0$$

(a) Wenn die Anfangsbedingung $y(0) = 1$ lautet, so können Sie $y = y(t)$ mit $t \geq 0$ mit der Methode der Separation der Variablen lösen. Tun Sie dies ohne Rechner. Kontrollieren Sie das Resultat mit einem Taschenrechner, mit MATLAB oder mit Julia. Findet eine Explosion in endlicher Zeit statt? Zeichnen Sie den Graph von $y = y(t)$.

(b) Wenn die Anfangsbedingung $y(0) = 0$ lautet, können Sie die Methode der Separation der Variablen nicht benutzen. Weshalb ist das so?

(c) Ist die Anfangsbedingung $y(0) = 0$, so hat das Cauchyproblem unendlich viele Lösungen. Lösungen sind beispielsweise $y = y(t) = 0$ und $y = y(t) = 0{,}544 \cdot t^{3/2}$. Was passiert, wenn Sie dieses Cauchyproblem mit MATLAB oder mit Julia lösen?

6.6 Gegeben ist das AWP 1. Ordnung $y'(t) = y(t) - 2$ mit $y(0) = 1$ für $y = y(t)$. Die Differenzialgleichung ist linear. Damit hat das AWP eine eindeutige Lösung $y = y(t)$ für $t \geq 0$.

(a) Ist das System stabil?

(b) Bestimmen Sie $y = y(t)$ mit einem Taschenrechner, mit MATLAB oder mit Julia.

(c) Finden Sie mit dem Euler-Vorwärts-Verfahren eine Approximation $y_{approx}(t)$ dieser Lösung für $0 \leq t \leq 1$ mit einer Schrittweite $h = 0{,}2$.

(d) Vergleichen Sie das Resultat der Approximation mit der exakten Lösung. Ergänzen Sie dazu die folgende Tabelle:

t	0,0	0,2	0,4	0,6	0,8	1,0
$y(t)$						
$y_{approx}(t)$						

(e) Finden Sie mit dem Euler-Vorwärts-Verfahren eine Approximation $y_{approx}(t)$ dieser Lösung für $0 \leq t \leq 5$ mit einer Schrittweite $h = 0{,}1$. Benutzen Sie dazu eine `for`-Schleife mit MATLAB oder mit Julia. Zeichnen Sie den Graph der Approximation und vergleichen Sie ihn mit dem Graph der exakten Lösung $y = y(t)$.

6.7 Betrachtet wird das Anfangswertproblem

$$y'(t) = 0{,}2 \cdot y^2(t) + 3 \cdot t, \qquad y(0) = 3$$

(a) Ist die Differenzialgleichung linear?

(b) Finden Sie mit dem Euler-Vorwärts-Verfahren eine Approximation von $y(t)$ für $0 \leq t \leq 1{,}2$. Benutzen Sie dazu eine Schrittweite von $h = 0{,}2$. Gesucht ist eine Tabelle mit approximativen Werten von $y = y(t)$ für $t = 0{,}0$, $t = 0{,}2$, $t = 0{,}4$, $t = 0{,}6$, $t = 0{,}8$, $t = 1{,}0$ und $t = 1{,}2$.

(c) Zeichnen Sie den Graph der in (b) erhaltenen approximativen Lösung der Differenzialgleichung.

6.8 Das Anfangswertproblem aus Beispiel 6.2

$$\frac{dy}{dt} = \sqrt{y(t)} \qquad \text{mit} \quad y(0) = 0$$

hat unendliche viele Lösungen. Wenden Sie das Euler-Vorwärts-Verfahren auf die Differenzialgleichung an, um eine Lösung $y = y(t)$ mit $0 \leq t \leq 2$ zu erhalten. Benutzen Sie dazu eine Schrittweite von $h = 0{,}1$ und keinen Rechner. Welche Lösung $y = y(t)$ erhalten Sie?

6.9 Gegeben ist das AWP $y'(t) = -0{,}2 \cdot y(t) + e^{-t}$ mit $y(0) = 0$ für $y = y(t)$. Da die Differenzialgleichung linear ist, existiert eine eindeutige Lösung $y = y(t)$ für $t \geq 0$. Zudem ist das System stabil und daher für das Cauchy-Verfahren geeignet. Schreiben Sie ein MATLAB- oder ein Julia-Programm, das die Lösung $y = y(t)$ für $0 \leq t \leq 10$ nach dem Euler-Vorwärts-Verfahren mit Schrittweite $0{,}1$ approximiert. Stellen Sie die Approximation grafisch dar.

6.10 Lösen Sie die folgenden Cauchyprobleme für $y = y(t)$ numerisch mit MATLAB oder mit Julia:

$$\text{(a)} \quad y'(t) = t \cdot \sin(y(t)) + \cos(t) \text{ für } 0 < t \leq 100 \qquad \text{mit} \quad y(0) = 2$$

$$\text{(b)} \quad y'(t) = \frac{1}{t+1} \cdot y(t) + t^2 \text{ für } 0 < t \leq 50 \qquad \text{mit} \quad y(0) = 10$$

$$\text{(c)} \quad u'(x) = -u^2(x) \text{ für } 0 < x \leq 10 \qquad \text{mit} \quad u(1) = 10$$

Stellen Sie die Lösungen jeweils grafisch dar. Welche Differenzialgleichungen sind linear? Welche Anfangswertprobleme könnten Sie auch analytisch exakt lösen?

6.11 Um die Route des nachfolgenden Schiffs (Beispiel 6.10) zu bestimmen, muss die folgende autonome Differenzialgleichung für $y = y(x)$ gelöst werden:

$$y'(x) = -\frac{y}{\sqrt{b^2 - y^2}} \quad \text{mit} \quad y(0) = b$$

Man kann $y = y(x)$ nicht explizit angeben. Berechnen Sie $y = y(x)$ numerisch mit MAT-LAB oder mit Julia, wenn $b = 10$ ist. Stellen Sie die Lösung grafisch dar.

6.12 Lösen Sie die Anfangswertprobleme der Aufgabe 6.3 mit dem Euler-Vorwärts-Verfahren numerisch mit MATLAB oder mit Julia. Beurteilen Sie grafisch im Intervall $0 \le t \le 20$: Unterscheiden sich die approximativ berechneten Lösungen stark von den exakten Lösungen?

6.13 Lösen Sie die Anfangswertprobleme der Aufgaben 5.8 bis 5.13 mit dem Euler-Vorwärts-Verfahren numerisch mit MATLAB oder mit Julia. Unterscheiden sich die approximativ berechneten Lösungen stark von den exakten Lösungen?

6.14 Das AWP $dy/dt = y(t)^2$ mit $y(0) = 1$ für $y = y(t)$ ist nicht linear. Die Lösung lautet

$$y = y(t) = \frac{1}{1 - t}$$

Sie explodiert, wenn $t = 1$ ist.

(a) Überprüfen Sie die Lösung, indem Sie das AWP mit einem Taschenrechner, mit MAT-LAB oder mit Julia lösen.
(b) Was passiert, wenn Sie das AWP numerisch mit MATLAB oder mit Julia lösen? Experimentieren Sie dabei mit den Fenstern für t von $0,0$ bis $0,5$, von $0,00$ bis $0,99$, von $0,0$ bis $1,0$ und von $0,0$ bis $5,0$.

Literatur

1. Bättig, D.: Angewandte Mathematik 1 mit MATLAB und Julia. Springer Vieweg, Heidelberg (2020)
2. Eriksson, K., Estep, D., Johnson, C.: Angewandte Mathematik: Body and Soul, Band 2: Integrale und Geometrie in $\mathbb{R}^n$. Springer, Berlin (2004)
3. Field, K.W., Wilder, D., Utz, A., Kolb, K.E.: Addition of iodine to alkness: A pseudo-first, second-, or third-order kinetics experiment. J. Chem. Educ. **64**, 269 (1987)
4. Housecroft, C.E., Constable, E.C.: Chemistry: An introduction to organic, inorganic, and physical chemistry, Fourth edition. Pearson Education Limited, Harlow Essex (2010)
5. Ince, E.L.: Ordinary Differential Equations. Dover, New York (1956)
6. Quarteroni, A., Saleri, F.: Wissenschaftliches Rechnen mit MATLAB. Springer, Berlin (2006)
7. Quarteroni, A., Sacco, R., Saleri, F.: Numerische Mathematik 1. Springer, Berlin (2002)

Systeme von Differenzialgleichungen 7

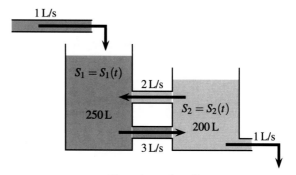

Ein gekoppeltes System mit zwei Tanks

Zusammenfassung

Komplexere dynamische Systeme, wie in Serie geschaltete Schwingkreise oder Federsysteme, führen zu gekoppelten Differenzialgleichungen. Lineare, gekoppelte Differenzialgleichungen können mit der Methode von Duhamel zusammen mit der Matrix-Exponentialfunktion gelöst werden. Um die Matrix-Exponentialfunktion zu definieren, benötigt man Eigenwerte und Eigenvektoren von Matrizes. Mit den Eigenwerten kann zudem beurteilt werden, ob dynamische Systeme stabil oder instabil sind.

© Springer-Verlag GmbH Deutschland, ein Teil von Springer Nature 2021
D. Bättig, *Angewandte Mathematik 2 mit MATLAB und Julia*,
https://doi.org/10.1007/978-3-662-62207-0_7

7.1　Systeme von Differenzialgleichungen 1. Ordnung

Im Kap. 5 werden verschiedene dynamische Systeme vorgestellt, die mit Differenzialgleichungen 1. Ordnung beschrieben sind. Unter anderem werden eine Wärmeleitung aus einem Raum und ein Mischproblem in einem Tank diskutiert. In diesem Abschnitt werden diese Beispiele erweitert. Man erhält Systeme von Differenzialgleichungen 1. Ordnung. Wir beginnen mit einer Wärmeleitung zwischen zwei Räumen und der Außenwelt:

Beispiel 7.1 (Wärmeleitung nach Fourier) Beim Beispiel 5.3 wurde das Modell von Fourier vorgestellt, um die Temperatur $T = T(t)$ eines Zimmers in einem Haus zu berechnen. Wir betrachten jetzt zwei Räume A und B. Abb. 7.1 illustriert die Situation. Im Raum A befindet sich eine Heizung, die die Temperatur des Raumes A mit einer Rate von 5 °C/h erhöht. Die Außentemperatur ist $T_{\text{außen}}(t)$. Wegen schwacher Isolation fließen Wärmemengen vom Raum A zum Raum B und von den Räumen zur Außenumgebung. In der Abbildung sind jeweils die Konstanten k^{-1} angegeben.

Mit Gl. (5.1) können wir die Änderungsrate der Temperatur $T_A = T_A(t)$ im Raum A angeben:

$$\frac{dT_A}{dt} = 5\,°\text{C/h} - \frac{1}{4\,\text{h}} \cdot (T_A(t) - T_{\text{außen}}(t)) - \frac{1}{2\,\text{h}} \cdot (T_A(t) - T_B(t))$$

In gleicher Weise erhalten wir für den zweiten Raum

$$\frac{dT_B}{dt} = -\frac{1}{5\,\text{h}} \cdot (T_B(t) - T_{\text{außen}}(t)) - \frac{1}{2\,\text{h}} \cdot (T_B(t) - T_A(t))$$

Die Eingangsgrößen sind die Wärmezufuhr der Heizung $x_1(t) = 5\,°\text{C/h}$ und die Außentemperatur $x_2(t) = T_{\text{außen}}(t)$. Die Antworten $T_A = T_A(t)$ und $T_B = T_B(t)$ fassen wir in einem Vektor $\mathbf{T} = \mathbf{T}(t)$ zusammen. Damit erhalten wir statt zwei Gleichungen nur eine Gleichung mit Vektoren:

$$\frac{d\mathbf{T}}{dt} = \begin{pmatrix} dT_A/dt \\ dT_B/dt \end{pmatrix} = \begin{pmatrix} x_1(t) - 0{,}25\,\text{h}^{-1} \cdot (T_A(t) - x_2(t)) - 0{,}5\,\text{h}^{-1} \cdot (T_A(t) - T_B(t)) \\ -0{,}2\,\text{h}^{-1} \cdot (T_B(t) - x_2(t)) - 0{,}5\,\text{h}^{-1} \cdot (T_B(t) - T_A(t)) \end{pmatrix}$$

Abb. 7.1 Zwei Räume mit Temperaturen $T_A = T_A(t)$ und $T_B = T_B(t)$, einer Heizung und den Isolationskonstanten k^{-1}

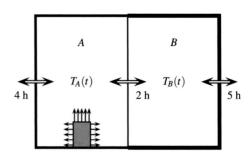

Die komplexe rechte Seite der Vektorgleichung kann übersichtlicher geschrieben werden. Sie ist eine lineare Kombination von Vektoren mit den Koeffizienten T_A und T_B:

$$T_A(t) \cdot \begin{pmatrix} -0,75\,\text{h}^{-1} \\ 0,5\,\text{h}^{-1} \end{pmatrix} + T_B(t) \cdot \begin{pmatrix} 0,5\,\text{h}^{-1} \\ -0,7\,\text{h}^{-1} \end{pmatrix} + \begin{pmatrix} x_1(t) + x_2(t) \cdot 0,25\,\text{h}^{-1} \\ 0,2\,\text{h}^{-1} \end{pmatrix}$$

Den dritten Vektor in der Summe schreibt man kompakt als $\mathbf{f} = \mathbf{f}(t)$, wenn man sich die bekannten Größen $x_1(t)$ und $x_2(t)$ eingesetzt denkt. Die zwei ersten Summanden kann man als eine Multiplikation einer 2×2-Matrix A mit dem Vektor $\mathbf{T} = \mathbf{T}(t)$ interpretieren. Sind $\mathbf{A}_1$ und $\mathbf{A}_2$ die Spaltenvektoren der Matrix A, so ist (vgl. Angewandte Mathematik Bd. 1, [1]):

$$T_A(t) \cdot \mathbf{A}_1 + T_B(t) \cdot \mathbf{A}_2 = A \cdot \begin{pmatrix} T_A(t) \\ T_B(t) \end{pmatrix} = A \cdot \mathbf{T}(t)$$

Hier ist

$$A = \begin{pmatrix} -0,75\,\text{h}^{-1} & 0,5\,\text{h}^{-1} \\ 0,5\,\text{h}^{-1} & -0,7\,\text{h}^{-1} \end{pmatrix}$$

Daher lautet das System der Differenzialgleichungen kompakt

$$\frac{\text{d}\mathbf{T}}{\text{d}t} = A \cdot \mathbf{T}(t) + \mathbf{f}(t)$$

Ein solches System von Differenzialgleichungen 1. Ordnung nennt man *linear*. Die Matrix A nennt man die *Systemmatrix*. Den Vektor $\mathbf{f}(t)$ mit den Eingangsgrößen bezeichnet man als den *Störvektor* oder den *inhomogenen Teil* (engl. *nonhomogeneous part*) des Systems.

Mit der Matrixfom kann das System auch einfach im Computer eingegeben werden. In Abschn. 7.4 wird gezeigt, dass mit dieser Form die Antwort $\mathbf{T} = \mathbf{T}(t)$ berechnet und analysiert werden kann.

Es folgt ein zweites Beispiel für ein System von Differenzialgleichungen:

Beispiel 7.2 (Mischproblem mit zwei Tanks) Abb. 7.2 zeigt zwei Tanks. Im linken Tank befinden sich 250 L Wasser und eine Salzmenge von 4 kg. Der rechte Tank ist mit 200 L Wasser gefüllt, in dem 1 kg Salz aufgelöst ist. Die beiden Behälter sind mit Leitungen verbunden, so dass 3 L/s Flüssigkeit vom linken in den rechten Tank fließt. Umgekehrt fließt 2 L/s Flüssigkeit zurück. In den linken Tank fließt mit einer Rate von 1 L/s Salzwasser mit einer Konzentration $c = c(t)$ ein. Mit einer Rate von 1 L/s fließt Flüssigkeit aus dem rechten Tank aus.

Wie beim Beispiel 5.10 können wir die Änderungsraten der Salzmengen $S_1 = S_1(t)$ und $S_2 = S_1(t)$ in den beiden Tanks berechnen. Für den linken Tank erhalten wir

$$\frac{\text{d}S_1}{\text{d}t} = \text{Salzrate EIN} - \text{Salzrate AUS} = 1\,\text{L/s} \cdot c(t) + 2\,\text{L/s} \cdot \frac{S_2(t)}{200\,\text{L}} - 3\,\text{L/s} \cdot \frac{S_1(t)}{250\,\text{L}}$$

Abb. 7.2 Zwei Tanks mit Salzmengen $S_1 = S_1(t)$ und $S_2 = S_2(t)$, mit einfließender Salzkonzentration $c = c(t)$ und Ausflussrohr

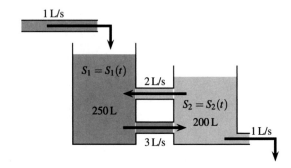

Wir überprüfen zuerst die Einheiten der Gleichung, um sicherzustellen, dass die Gleichung plausibel ist. Die linke Seite der Differenzialgleichung hat die Einheit kg/s. Die rechte Seite hat die gleiche Einheit, wenn die Einheit der einfließenden Konzentration $c = c(t)$ in kg/L ist: L/s · kg/L + L/s · kg/L + L/s · kg/L = kg/s.

Analog gilt für den rechten Tank:

$$\frac{\mathrm{d}S_2}{\mathrm{d}t} = \text{Salzrate EIN} - \text{Salzrate AUS} = 3\,\text{L/s} \cdot \frac{S_1(t)}{250\,\text{L}} - 2\,\text{L/s} \cdot \frac{S_2(t)}{200\,\text{L}} - 1\,\text{L/s} \cdot \frac{S_2(t)}{200\,\text{L}}$$

Die beiden Gleichungen sind Differenzialgleichungen 1. Ordnung für die gesuchten Salzmengen S_1 und S_2. Sie sind miteinander gekoppelt. Man spricht von einem *System von Differenzialgleichungen*. Die Eingangsgröße ist die einfließende Salzkonzentration $c = c(t)$. Die Antwort des Systems sind die Salzmengen $S_1 = S_1(t)$ und $S_2 = S_2(t)$. Wir fassen die Antwort in einem Vektor $\mathbf{S} = \mathbf{S}(t)$ mit den Komponenten S_1 und S_2 zusammen. Damit können wir die zwei Differenzialgleichungen als eine Gleichung mit Vektoren schreiben:

$$\frac{\mathrm{d}\mathbf{S}}{\mathrm{d}t} = \begin{pmatrix} \mathrm{d}S_1/\mathrm{d}t \\ \mathrm{d}S_2/\mathrm{d}t \end{pmatrix} = \begin{pmatrix} 1\,\text{L/s} \cdot c(t) + 0{,}01\,\text{s}^{-1} \cdot S_2(t) - 0{,}012\,\text{s}^{-1} \cdot S_1(t) \\ 0{,}012\,\text{s}^{-1} \cdot S_1(t) - 0{,}015\,\text{s}^{-1} \cdot S_2(t) \end{pmatrix}$$

Um die Antwort $\mathbf{S} = \mathbf{S}(t)$ zu bestimmen, benötigt man den Anfangsvektor $\mathbf{S}(0\,\text{s})$ mit den Komponenten $S_1(0\,\text{s}) = 4\,\text{kg}$ und $S_2(0\,\text{s}) = 1\,\text{kg}$.

Die rechte Seite der Gleichung ist eine lineare Kombination von Vektoren mit Koeffizienten S_1 und S_2:

$$S_1(t) \cdot \begin{pmatrix} -0{,}012\,\text{s}^{-1} \\ 0{,}012\,\text{s}^{-1} \end{pmatrix} + S_2(t) \cdot \begin{pmatrix} 0{,}01\,\text{s}^{-1} \\ -0{,}015\,\text{s}^{-1} \end{pmatrix} + c(t) \cdot \begin{pmatrix} 1\,\text{L/s} \\ 0\,\text{L/s} \end{pmatrix}$$

Das Differenzialgleichungssystem ist daher linear und kann kompakt geschrieben werden:

$$\frac{\mathrm{d}\mathbf{S}}{\mathrm{d}t} = A \cdot \mathbf{S}(t) + \mathbf{f}(t)$$

Die Systemmatrix A und der Vektor $\mathbf{f}$ sind:

$$A = \begin{pmatrix} -0{,}012 & 0{,}01 \\ 0{,}012 & -0{,}015 \end{pmatrix} \text{s}^{-1}, \quad \mathbf{f} = c(t) \cdot \begin{pmatrix} 1 \\ 0 \end{pmatrix} \text{L/s}$$

Die Systemmatrix A hängt hier wie beim obigen Beispiel nicht von der Zeit t ab.

Der nächste Abschnitt zeigt zuerst, dass auch dynamische Systeme höherer Ordnung mit Systemen von Differenzialgleichungen 1. Ordnung modellierbar sind.

7.2 Beispiele von dynamischen Systemen höherer Ordnung

Beschreibt man, wie sich Objekte bewegen mit dem Gesetz von Newton, so entstehen Differenzialgleichungen 2. Ordnung. Sind $s = s(t)$ die Wegfunktion des Objekts, m seine konstante Masse und $F = F(t)$ die Kraft, die auf das Objekt wirkt, so ist

$$m \cdot \frac{\mathrm{d}^2 s}{\mathrm{d}t^2} = F(t)$$

ein dynamisches System 2. Ordnung mit der Eingangsgröße $x(t) = F(t)$ und der Antwort $s = s(t)$. Es folgt dazu ein Beispiel:

Beispiel 7.3 (Fahrzeugchassis) Abb. 7.3 zeigt ein schwingendes Fahrzeugchassis mit einem McPherson-Federbein. Das Fahrzeugchassis mit Masse m wird über die Radaufhängung zum Schwingen gebracht. Die Feder in der Radaufhängung habe eine Reibungskonstante R und eine Federkonstante D. Für die Auslenkung $s = s(t)$ des Chassis gilt nach dem Newton'schen Gesetz

$$m \cdot \frac{\mathrm{d}^2 s}{\mathrm{d}t^2} = \text{Summe der einwirkenden Kräfte}$$

Die auf das System einwirkenden Kräfte sind die Federkraft, die Reibungskraft durch den Dämpfer und die Eingangskraft $x = x(t)$. Das Hook'sche Gesetz modelliert die Kraft auf

Abb. 7.3 Eine Radaufhängung mit einem McPherson-Federbein. (Siehe [6])

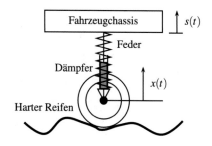

das Pendel mit $-D \times$ Auslenkung. Die Reibungskraft ist proportional zur Geschwindigkeit der Auslenkung. Damit ist

$$m \cdot s''(t) = -D \cdot s(t) - R \cdot s'(t) + x(t)$$

Wir wandeln die Differenzialgleichung in ein System von Differenzialgleichungen 1. Ordnung um. Dazu benutzen wir die Geschwindigkeit $v = v(t) = s'(t)$ der Auslenkung. Wir setzen diese in die Gleichung ein und erhalten $m \cdot v'(t) = -D \cdot s(t) - R \cdot v(t) + x(t)$. Also ist:

$$\frac{ds}{dt} = v(t) \quad \text{und} \quad \frac{dv}{dt} = -\frac{D}{m} \cdot s(t) - \frac{R}{m} \cdot v(t) + \frac{1}{m} \cdot x(t)$$

Wir können die Auslenkung und die Geschwindigkeit in einem Vektor $\mathbf{y} = \mathbf{y}(t)$ mit den Komponenten $y_1 = s(t)$ und $y_2 = v(t)$ speichern. Damit erhalten wir statt zwei gekoppelte Gleichungen eine Gleichung mit Vektoren:

$$\frac{d\mathbf{y}}{dt} = \begin{pmatrix} dy_1/dt \\ dy_2/dt \end{pmatrix} = \begin{pmatrix} y_2(t) \\ -D/m \cdot y_1(t) - R/m \cdot y_2(t) + x(t)/m \end{pmatrix}$$

Die rechte Seite der Gleichung ist eine lineare Kombination von Vektoren mit den Koeffizienten $y_1(t)$ und $y_2(t)$ und einem Vektor, der die Eingangsgröße $x = x(t)$ enthält:

$$y_1(t) \cdot \begin{pmatrix} 0 \\ -D/m \end{pmatrix} + y_2(t) \cdot \begin{pmatrix} 1 \\ -R/m \end{pmatrix} + \begin{pmatrix} 1 \\ x(t)/m \end{pmatrix}$$

Das System von Differenzialgleichungen ist deshalb linear:

$$\frac{d\mathbf{y}}{dt} = A \cdot \mathbf{y}(t) + \mathbf{f}(t) \quad \text{mit} \quad A = \begin{pmatrix} 0 & 1 \\ -D/m & -R/m \end{pmatrix} \quad \text{und} \quad \mathbf{f}(t) = \begin{pmatrix} 1 \\ x(t)/m \end{pmatrix}$$

Um $\mathbf{y} = \mathbf{y}(t)$ zu berechnen, benötigen wir einen Anfangsvektor $\mathbf{y}(0\,\text{s})$. Dies bedeutet, dass wir die Anfangsposition $y(0\,\text{s})$ und die -geschwindigkeit $y'(0\,\text{s})$ des Chassis kennen müssen. Wie man die Antwort $\mathbf{y} = \mathbf{y}(t)$ berechnet, wird in Abschn. 7.4 gezeigt.

Auch in der Elektrotechnik entstehen Differenzialgleichungen 2. Ordnung:

Beispiel 7.4 (Elektrischer Schwingkreis) Beim Beispiel 4.3 wird ein RLC-Schwingkreis (siehe Abb. 7.4) betrachtet, der aus einem Widerstand mit Stärke R, einer Spule mit Induktion L und einem Kondensator mit Kapazität C besteht.
  Ist $U = U(t)$ die angelegte Spannung, so gilt:

$$L \cdot \frac{d^2 i}{dt^2} + R \cdot \frac{di}{dt} + \frac{1}{C} \cdot i(t) = \frac{dU}{dt}$$

Abb. 7.4 Ein
RLC-Schwingkreis

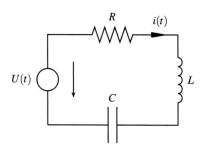

Dies ist eine Differenzialgleichung 2. Ordnung für den Strom $i = i(t)$ mit der Eingangsgröße $x = x(t) = U(t)$. Wir können auch dieses System in ein gekoppeltes System 1. Ordnung umwandeln. Eine Möglichkeit ist, $j = j(t) = di/dt$ zu substituieren. Es ist physikalisch sinnvoller, $u_L(t) = L \cdot di/dt$ zu setzen. Damit ist $u_L(t)$ die Spannung über der Spule und hat die Einheit Volt. Wir setzen dies in die obige Gleichung ein: $u'_L(t) + R/L \cdot u_L(t) + 1/C \cdot i(t) = U'(t)$. Somit ist

$$\frac{di}{dt} = \frac{1}{L} \cdot u_L(t) \quad \text{und} \quad \frac{du_L}{dt} = -\frac{R}{L} \cdot u_L(t) - \frac{1}{C} \cdot i(t) + \frac{dU}{dt}$$

Nun wandeln wir die zwei Gleichungen in eine Gleichung mit Vektoren um. Wir definieren dazu den Vektor $\mathbf{y} = y(t)$ mit den Komponenten $y_1 = i(t)$ und $y_2 = u_L(t)$. Damit wird

$$\frac{d\mathbf{y}}{dt} = \begin{pmatrix} di/dt \\ du_L/dt \end{pmatrix} = \begin{pmatrix} 1/L \cdot y_2(t) \\ -R/L \cdot y_2(t) - 1/C \cdot y_1(t) + U'(t) \end{pmatrix}$$

Die rechte Seite der Gleichung ist eine lineare Kombination mit den Koeffizienten $y_1(t)$ und $y_2(t)$ und einem zusätzlichen Vektor:

$$y_1(t) \cdot \begin{pmatrix} 0 \\ -1/C \end{pmatrix} + y_2(t) \cdot \begin{pmatrix} 1/L \\ -R/L \end{pmatrix} + \begin{pmatrix} 0 \\ U'(t) \end{pmatrix}$$

Die Differenzialgleichungen sind deshalb linear: $d\mathbf{y}/dt = A \cdot y(t) + \mathbf{f}(t)$. Die Systemmatrix A und der Vektor $\mathbf{f}$ lauten:

$$A = \begin{pmatrix} 0 & 1/L \\ -1/C & -R/L \end{pmatrix}, \quad \mathbf{f} = \begin{pmatrix} 0 \\ U'(t) \end{pmatrix}$$

Der Störvektor enthält die Eingangsgröße, die angelegte Spannung $U = U(t)$.

Um die Antwort $i = i(t)$ zu berechnen, benötigen wir den Strom $y_1(0\,s) = i(0\,s)$ und die Spannung über der Spule $y_2(0\,s) = u_L(0\,s)$ zum Zeitpunkt $t = 0\,s$.

Zusammengefasst zeigen die zwei Beispiele, dass ein System 2. Ordnung für eine Antwort $y = y(t)$ mit bekannter Eingangsgröße $x = x(t)$ in ein System 1. Ordnung für einen Vektor

$\mathbf{y} = \mathbf{y}(t)$ mit zwei Komponenten umgewandelt werden kann. Der Vorteil ist, dass man damit die Lösungsmethoden für Differenzialgleichungen 1. Ordnung aus Kap. 5 anwenden kann. Dies wird in Abschn. 7.4 gezeigt.

7.3   Systeme von linearen Differenzialgleichungen 1. Ordnung

In technischen Anwendungen sind viele gekoppelte Differenzialgleichungen 1. Ordnung für einen Vektor $\mathbf{y} = \mathbf{y}(t)$ mit n Komponenten linear. Linear bedeutet, dass die Ableitung $d\mathbf{y}/dt$ eine affine, vektorwertige Funktion von $\mathbf{y}$ ist:

$$\frac{d\mathbf{y}}{dt} = A(t) \cdot \mathbf{y}(t) + \{\ldots\}$$

Dabei ist $A = A(t)$ eine bekannte $n \times n$-Matrix, die *Systemmatrix*. Der Klammerausdruck $\{\ldots\}$ ist ein Vektor, der von t und der Eingangsgröße $x = x(t)$, aber nicht von $\mathbf{y}(t)$ abhängt. Er ist der *Störvektor* oder der *inhomogene Teil* (engl. *nonhomogeneous part*) des Systems. Wir fassen ihn in einem Vektor $\mathbf{f}$ zusammen. Dieser hängt, wenn wir uns die Funktion $x = x(t)$ eingesetzt denken, nur von der Zeit t ab: $\mathbf{f} = \mathbf{f}(t)$. Das AWP oder Cauchyproblem für ein System von linearen Differenzialgleichungen für den Vektor $\mathbf{y} = \mathbf{y}(t)$ lautet deshalb

$$\frac{d\mathbf{y}}{dt} = A(t) \cdot \mathbf{y}(t) + \mathbf{f}(t) \quad \text{mit} \quad \mathbf{y}(0) = \mathbf{y}_0 \tag{7.1}$$

Vergleichen Sie diesen Ausdruck mit der Gl. (5.2). Wir haben hier statt einer Funktion $y = y(t)$ einen Vektor $\mathbf{y} = \mathbf{y}(t)$. Die $n \times n$-Systemmatrix $A = A(t)$ ersetzt den Koeffizienten $\lambda = \lambda(t)$.

Der Summand $A(t) \cdot \mathbf{y}(t)$ ist die Multiplikation einer Matrix $A = A(t)$ mit einem Vektor $\mathbf{y}(t)$. Die Spaltenvektoren der Matrix bezeichnen wir mit $\mathbf{A}_1, \mathbf{A}_2, \ldots$ und $\mathbf{A}_n$. Dann ist (vgl. Angewandte Mathematik Bd. 1, [1])

$$A(t) \cdot \mathbf{y}(t) = y_1(t) \cdot \mathbf{A}_1 + y_2(t) \cdot \mathbf{A}_2 + \cdots + y_n(t) \cdot \mathbf{A}_n$$

eine lineare Kombination der Spaltenvektoren von A mit den Koeffizienten $y_1(t)$, $y_2(t)$, ..., $y_n(t)$ des Vektors $\mathbf{y} = \mathbf{y}(t)$. Mit dieser Darstellung kann man entscheiden, ob ein System von Differenzialgleichungen linear ist oder nicht. Zudem hilft sie, die Systemmatrix $A = A(t)$ zu identifizieren. Wir betrachten dazu zwei Beispiele:

Beispiel 7.5 (Ein System 3. Ordnung) Ein System 3. Ordnung für die Antwort $y = y(t)$ mit bekannter Eingangsgröße $x = x(t)$ ist

$$y'''(t) + 51 \cdot y''(t) + 98 \cdot y'(t) + 170 \cdot y(t) = 2 \cdot x(t) + t \cdot x'(t)$$

Um das System als ein System 1. Ordnung zu schreiben, betrachten wir den Vektor $\mathbf{y} = \mathbf{y}(t)$ mit den drei Komponenten $y_1 = y(t)$, $y_2 = y'(t)$ und $y_3 = y''(t)$. Wir setzen die Komponenten in die Differenzialgleichung ein. Dies führt zur Gleichung

$$\frac{d\mathbf{y}}{dt} = \begin{pmatrix} y'(t) \\ y''(t) \\ y'''(t) \end{pmatrix} = \begin{pmatrix} y_2(t) \\ y_3(t) \\ -51y_3(t) - 98y_2(t) - 170y_1(t) + 2 \cdot x(t) + t \cdot x'(t) \end{pmatrix}$$

Wir können die rechte Seite der Gleichung als die folgende lineare Kombination schreiben:

$$y_1(t) \cdot \begin{pmatrix} 0 \\ 0 \\ -170 \end{pmatrix} + y_2(t) \cdot \begin{pmatrix} 1 \\ 0 \\ -98 \end{pmatrix} + y_3(t) \cdot \begin{pmatrix} 0 \\ 1 \\ -51 \end{pmatrix} + \begin{pmatrix} 0 \\ 0 \\ 2x(t) + t \cdot x'(t) \end{pmatrix}$$

Das System von Differenzialgleichungen 1. Ordnung ist linear. Die Systemmatrix A und der Vektor $\mathbf{f}$ lauten:

$$A = \begin{pmatrix} 0 & 1 & 0 \\ 0 & 0 & 1 \\ -170 & -98 & -51 \end{pmatrix}, \quad \mathbf{f} = \begin{pmatrix} 0 \\ 0 \\ 2x(t) + t \cdot x'(t) \end{pmatrix}$$

Der Störvektor $\mathbf{f} = \mathbf{f}(t)$ enthält die Eingangsgröße $x = x(t)$ des Systems.

Beispiel 7.6 (Stabpendel) Abb. 7.5 zeigt ein Stabpendel. Die Masse der Pendel-Kugel sei m. Die Länge des Stabs sei L. Die Schwerkraft, die auf die Kugel wirkt, ist $F = -m \cdot g$ mit $g = 9,81 \, \text{m/s}^2$. Die Kraftkomponente F_T, die entlang des Auslenkungswinkels $\varphi = \varphi(t)$ greift, ist gleich $F \cdot \sin \varphi$ (siehe Abb. 7.5). Die Auslenkung s des Pendels ist $s = L \cdot \varphi$. Mit dem Gesetz von Newton folgt:

$$m \cdot \frac{d^2 s}{dt^2} = m \cdot L \cdot \frac{d^2 \varphi}{dt^2} = F \cdot \sin(\varphi(t)) = -m \cdot g \cdot \sin(\varphi(t))$$

Abb. 7.5 Stabpendel mit Länge L und Masse m und mit der Auslenkung $\varphi = \varphi(t)$

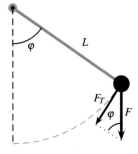

Die Differenzialgleichung 2. Ordnung für den Auslenkungswinkel $\varphi = \varphi(t)$ können wir in ein System 1. Ordnung umwandeln. Wir setzen $\omega = \mathrm{d}\varphi/\mathrm{d}t$ für die Winkelgeschwindigkeit und erhalten $m \cdot L \cdot \mathrm{d}\omega/\mathrm{d}t = -m \cdot g \cdot \sin(\varphi(t))$. Damit ist:

$$\frac{\mathrm{d}\varphi}{\mathrm{d}t} = \omega(t) \quad \text{und} \quad \frac{\mathrm{d}\omega}{\mathrm{d}t} = -\frac{g}{L} \cdot \sin(\varphi(t))$$

Wir können dies als eine Gleichung mit Vektoren schreiben. Dazu betrachten wir den Vektor $\mathbf{y} = \mathbf{y}(t)$ mit den Komponenten $y_1 = \varphi(t)$ und $y_2 = \omega(t)$. Damit wird:

$$\frac{\mathrm{d}\mathbf{y}}{\mathrm{d}t} = \begin{pmatrix} \mathrm{d}\varphi/\mathrm{d}t \\ \mathrm{d}\omega/\mathrm{d}t \end{pmatrix} = \begin{pmatrix} y_2(t) \\ -g/L \cdot \sin(y_1(t)) \end{pmatrix} = \sin(y_1(t)) \cdot \begin{pmatrix} 0 \\ -g/L \end{pmatrix} + y_2(t) \cdot \begin{pmatrix} 1 \\ 0 \end{pmatrix}$$

Der erste Koeffizient ist $\sin(y_1(t))$. Daher ist das System von Differenzialgleichungen nicht linear.

7.4   Eigenwerte und die Matrix-Exponentialfunktion

In Abschn. 5.2 ist gezeigt, wie ein AWP mit einer linearen Differenzialgleichung 1. Ordnung mit dem Hauptsatz der Infinitesimalrechnung (Theorem 4.2) gelöst werden kann. Mit Hilfe eines integrierenden Faktors erhält man eine Lösungsformel (Theorem 5.2). Beim AWP für das System von linearen Differenzialgleichungen, gegeben durch die Gl. (7.1), kann man versuchen, in analoger Weise eine Lösungsformel zu erhalten. Dies ist nur möglich, wenn die Begleitmatrix $A = A(t)$ des Systems nicht von der Zeit t abhängt. In den meisten Systemen der Technik ist die Systemmatrix A konstant. Dann ist die äquivalente Form von $\Lambda = \Lambda(t)$ bei Theorem 5.2 die Matrix $\Lambda(t) = A \cdot t$ und es gilt die identische Lösungsformel:

Theorem 7.1 (System von linearen Differenzialgleichungen) *Das Cauchyproblem für ein System von linearen Differenzialgleichungen 1. Ordnung für den Vektor* $\mathbf{y} = \mathbf{y}(t)$ *habe eine konstante* $n \times n$-*Systemmatrix A:*

$$\frac{\mathrm{d}\mathbf{y}}{\mathrm{d}t} = A \cdot \mathbf{y}(t) + \mathbf{f}(t) \quad \text{mit} \quad \mathbf{y}(0) = \mathbf{y}_0$$

Dann ist

$$\mathbf{y}(t) = e^{A \cdot t} \cdot \mathbf{y}(0) + e^{A \cdot t} \cdot \int_0^t e^{-A \cdot \tau} \cdot \mathbf{f}(\tau) \, \mathrm{d}\tau \tag{7.2}$$

Diese Formel soll nun analysiert werden. Dabei muss geklärt werden, was mit der Matrix-Exponentialfunktion $e^{A \cdot t}$ gemeint ist. Am Schluss des Abschnitts wird das Theorem bewiesen. Wir betrachten nun ein erstes Beispiel:

Beispiel 7.7 (Diagonale Systemmatrix) Gegeben sei ein System von linearen Differenzialgleichungen für die Antwort $\mathbf{y} = \mathbf{y}(t)$ mit der diagonalen Systemmatrix

$$A = \begin{pmatrix} 2 & 0 \\ 0 & 3 \end{pmatrix} = \mathbf{diag}(2, 3)$$

und dem Störvektor $\mathbf{f} = \mathbf{0}$. Wir benutzen dabei die Schreibweise **diag** für eine diagonale
Matrix (vgl. Angewandte Mathematik Bd. 1, [1]). Da der Störvektor null ist, ist der zweite
Summand in Gl. (7.2) null. Wir erhalten daher

$$\begin{pmatrix} y_1(t) \\ y_2(t) \end{pmatrix} = \mathbf{y}(t) = e^{A \cdot t} \cdot \mathbf{y}(0) = \exp\left[\begin{pmatrix} 2 \cdot t & 0 \\ 0 & 3 \cdot t \end{pmatrix} \right] \cdot \begin{pmatrix} y_1(0) \\ y_2(0) \end{pmatrix} \tag{7.3}$$

Um den Term $\exp[\ldots]$ zu verstehen, analysieren wir das System der Differenzialgleichungen
im Detail. Es ist

$$\frac{d\mathbf{y}}{dt} = \begin{pmatrix} 2 & 0 \\ 0 & 3 \end{pmatrix} \cdot \mathbf{y}(t) + \mathbf{0} = y_1(t) \cdot \begin{pmatrix} 2 \\ 0 \end{pmatrix} + y_2(t) \cdot \begin{pmatrix} 0 \\ 3 \end{pmatrix} = \begin{pmatrix} 2 \cdot y_1(t) \\ 3 \cdot y_2(t) \end{pmatrix}$$

Das System ist folglich entkoppelt:

$$y_1'(t) = 2 \cdot y_1(t) \quad \text{und} \quad y_2'(t) = 3 \cdot y_2(t)$$

Damit können wir $y_1 = y_1(t)$ und $y_2 = y_2(t)$ berechnen. Wir erhalten $y_1(t) = \exp(2 \cdot t) \cdot$
$y_1(0)$ und $y_2(t) = \exp(3 \cdot t) \cdot y_2(0)$. Also ist:

$$\begin{pmatrix} y_1(t) \\ y_2(t) \end{pmatrix} = y_1(0) \cdot \begin{pmatrix} e^{2 \cdot t} \\ 0 \end{pmatrix} + y_2(0) \cdot \begin{pmatrix} 0 \\ e^{3 \cdot t} \end{pmatrix} = \begin{pmatrix} \exp(2 \cdot t) & 0 \\ 0 & \exp(3 \cdot t) \end{pmatrix} \cdot \begin{pmatrix} y_1(0) \\ y_2(0) \end{pmatrix}$$

Wir vergleichen das Resultat mit Gl. (7.3). Es folgt daraus, dass der Term $\exp(A \cdot t)$ so
gebildet wird, dass die Exponentialfunktion auf die Diagonalelemente der Matrix $A \cdot t$
angewendet wird.

Man definiert damit:

Definition 7.1 (Exponentialfunktion einer Diagonalmatrix) Es sei A eine diagonale $n \times$
n-Matrix mit den Diagonalelementen $A_{11}, A_{22}, \ldots$ und A_{nn}. Dann ist $\exp(A)$ die Diagonal-
Matrix mit den Elementen $\exp(A_{11}), \exp(A_{22}), \ldots$ und $\exp(A_{nn})$.

So sind

$$\exp \begin{pmatrix} 4 & 0 \\ 0 & -1 \end{pmatrix} = \begin{pmatrix} e^4 & 0 \\ 0 & e^{-1} \end{pmatrix} \quad \text{und} \quad \exp \begin{pmatrix} 1 & 0 & 0 \\ 0 & -2 & 0 \\ 0 & 0 & 0 \end{pmatrix} = \begin{pmatrix} e & 0 & 0 \\ 0 & e^{-2} & 0 \\ 0 & 0 & 1 \end{pmatrix}$$

Das Matrixprodukt zweier Diagonalmatrizes D_1 und D_2 ist eine Diagonalmatrix D. Die Elemente von D sind gleich dem Produkt der entsprechenden Diagonalelemente von D_1 und D_2. Daher ist

$$\begin{pmatrix} e^2 & 0 \\ 0 & e^1 \end{pmatrix} \cdot \begin{pmatrix} e^6 & 0 \\ 0 & e^4 \end{pmatrix} = \begin{pmatrix} e^2 \cdot e^6 & 0 \\ 0 & e^1 \cdot e^4 \end{pmatrix} = \begin{pmatrix} e^{2+6} & 0 \\ 0 & e^{1+4} \end{pmatrix} = \exp\left[\begin{pmatrix} 2 & 0 \\ 0 & 1 \end{pmatrix} + \begin{pmatrix} 6 & 0 \\ 0 & 4 \end{pmatrix} \right]$$

Wir können auch $\exp(D \cdot t)$ nach t ableiten, indem wir jedes Element der Diagonalmatrix D nach t ableiten:

$$\frac{d}{dt} \begin{pmatrix} e^{2 \cdot t} & 0 \\ 0 & e^{3 \cdot t} \end{pmatrix} = \begin{pmatrix} 2 \cdot e^{2 \cdot t} & 0 \\ 0 & 3 \cdot e^{3 \cdot t} \end{pmatrix} = \begin{pmatrix} 2 & 0 \\ 0 & 3 \end{pmatrix} \cdot \begin{pmatrix} e^{2 \cdot t} & 0 \\ 0 & e^{3 \cdot t} \end{pmatrix}$$

Die Exponentialfunktion für Diagonalmatrizes hat damit die gleichen Eigenschaften wie die Exponentialfunktion:

$$\exp(D_1 + D_2) = \exp(D_1) \cdot \exp(D_2), \qquad \frac{d}{dt} \exp(D \cdot t) = D \cdot \exp(D \cdot t)$$

Nun soll die Exponentialfunktion $\exp(A)$ einer quadratischen Systemmatrix A definiert werden. Wir realisieren das so, dass wir ein System von Differenzialgleichungen nach seiner Stabilität beurteilen. Dazu benötigt man die *Eigenwerte* und die *Eigenvektoren* einer Matrix. Sie sind wie folgt definiert:

Definition 7.2 (Eigenwert und Eigenvektor) Eine komplexe oder reelle Zahl λ nennt man einen *Eigenwert* (engl. *eigenvalue*) der quadratischen Matrix A, wenn es einen Vektor $s \neq 0$ gibt, mit

$$A \cdot s = \lambda s$$

Den hier auftretenden Vektor s nennt man einen *Eigenvektor* (engl. *eigenvector*) zum Eigenwert λ der Matrix A.

Um die obige Definition zu verstehen, betrachten wir ein Beispiel:

Beispiel 7.8 (Eigenwerte und Eigenvektoren einer 2×2-Matrix). Gegeben sei die Matrix

$$A = \begin{pmatrix} 2{,}75 & -0{,}25 \\ -0{,}75 & 2{,}25 \end{pmatrix}$$

Der Vektor s_1 mit den Komponenten 1 und 3 ist ein Eigenvektor zum Eigenwert $\lambda = 2$. Es ist nämlich

$$A \cdot s_1 = A \cdot \begin{pmatrix} 1 \\ 3 \end{pmatrix} = 1 \cdot \begin{pmatrix} 2{,}75 \\ -0{,}75 \end{pmatrix} + 3 \cdot \begin{pmatrix} -0{,}25 \\ 2{,}25 \end{pmatrix} = \begin{pmatrix} 2 \\ 6 \end{pmatrix} = 2 \cdot \begin{pmatrix} 1 \\ 3 \end{pmatrix} = 2 \cdot s_1$$

Für den Vektor **z** mit den Komponenten 2 und 0 hat man

$$A \cdot \mathbf{z} = A \cdot \begin{pmatrix} 2 \\ 0 \end{pmatrix} = 2 \cdot \begin{pmatrix} 2{,}75 \\ -0{,}75 \end{pmatrix} + 0 \cdot \begin{pmatrix} -0{,}25 \\ 2{,}25 \end{pmatrix} = \begin{pmatrix} 5{,}5 \\ -1{,}5 \end{pmatrix} \neq \text{Vielfaches von } \mathbf{z}$$

Der Vektor **z** ist deshalb kein Eigenvektor von A. Ein zweiter Eigenvektor ist der Vektor $\mathbf{s}_2$ mit den Komponenten -1 und 1:

$$A \cdot \mathbf{s}_2 = A \cdot \begin{pmatrix} -1 \\ 1 \end{pmatrix} = -1 \cdot \begin{pmatrix} 2{,}75 \\ -0{,}75 \end{pmatrix} + 1 \cdot \begin{pmatrix} -0{,}25 \\ 2{,}25 \end{pmatrix} = \begin{pmatrix} -3 \\ 3 \end{pmatrix} = 3 \cdot \begin{pmatrix} -1 \\ 1 \end{pmatrix} = 3 \cdot \mathbf{s}_2$$

Der Eigenvektor $\mathbf{s}_2$ hat deshalb den Eigenwert $\lambda = 3$. Wir fassen die beiden Eigenvektoren $\mathbf{s}_1$ und $\mathbf{s}_2$ in einer Matrix $S = (\mathbf{s}_1 \; \mathbf{s}_2)$ zusammen. Zudem bilden wir die Diagonalmatrix D mit den beiden Eigenwerten 2 und 3. Es ist dann

$$A \cdot S = A \cdot \begin{pmatrix} 1 & -1 \\ 3 & 1 \end{pmatrix} = \left(A \cdot \begin{pmatrix} 1 \\ 3 \end{pmatrix} \quad A \cdot \begin{pmatrix} -1 \\ 1 \end{pmatrix} \right) = (2 \cdot \mathbf{s}_1 \quad 3 \cdot \mathbf{s}_2) = \begin{pmatrix} 2 & -3 \\ 6 & 3 \end{pmatrix}$$

$$S \cdot D = S \cdot \begin{pmatrix} 2 & 0 \\ 0 & 3 \end{pmatrix} = \left(S \cdot \begin{pmatrix} 2 \\ 0 \end{pmatrix} \quad S \cdot \begin{pmatrix} 0 \\ 3 \end{pmatrix} \right) = (2 \cdot \mathbf{s}_1 \quad 3 \cdot \mathbf{s}_2) = \begin{pmatrix} 2 & -3 \\ 6 & 3 \end{pmatrix}$$

Wir erhalten $A \cdot S = S \cdot D$. Die beiden Eigenvektoren spannen ein Volumen auf, das nicht null ist. Daher können wir die Gleichung von rechts mit S^{-1} multiplizieren. Damit ist $A = S \cdot D \cdot S^{-1}$ ein Produkt von Matrizen, bestehend aus Eigenvektoren und Eigenwerten von A:

$$A = \begin{pmatrix} 1 & -1 \\ 3 & 1 \end{pmatrix} \cdot \mathbf{diag}(2, 3) \cdot \begin{pmatrix} 1 & -1 \\ 3 & 1 \end{pmatrix}^{-1}$$

Dies nennt man eine *Spektralzerlegung* der Matrix A.

Die Eigenwerte λ einer $n \times n$-Matrix A kann man wie folgt charakterisieren. Es ist $A \cdot \mathbf{s} - \lambda \cdot \mathbf{s} = \mathbf{0}$. Ist E_n die n-reihige Einheitsmatrix, so ist $E_n \cdot \mathbf{s} = \mathbf{s}$. Damit ist

$$A \cdot \mathbf{s} - \lambda \cdot E_n \cdot \mathbf{s} = \mathbf{0} \quad \text{bzw.} \quad (A - \lambda \cdot E_n) \cdot \mathbf{s} = \mathbf{0}$$

Die rechte Gleichung ist ein lineares Gleichungssystem für den Vektor $\mathbf{s} \neq \mathbf{0}$ mit der Koeffizientenmatrix $A - \lambda \cdot E_n$ (vgl. Angewandte Mathematik Bd. 1, [1]). Der Nullvektor ist auch eine Lösung des Gleichungssystems. Dies bedeutet: das LGS ist unterbestimmt. Die Determinante der Koeffizientenmatrix ist also null. Wir erhalten deshalb eine Gleichung für die Eigenwerte λ:

$$\det(A - \lambda \cdot E_n) = 0$$

Man nennt dies die *charakteristische Gleichung* für die Matrix A.

Beispiel 7.9 (Eigenwerte einer 2×2-*Matrix)* Beim Beispiel 7.8 hat man die Matrix

$$A = \begin{pmatrix} 2{,}75 & -0{,}25 \\ -0{,}75 & 2{,}25 \end{pmatrix}$$

Die charakteristische Gleichung für die Matrix A ist

$$\det \left(\begin{pmatrix} 2{,}75 & -0{,}25 \\ -0{,}75 & 2{,}25 \end{pmatrix} - \lambda \cdot \begin{pmatrix} 1 & 0 \\ 0 & 1 \end{pmatrix} \right) = \det \begin{pmatrix} 2{,}75 - \lambda & -0{,}25 \\ -0{,}75 & 2{,}25 - \lambda \end{pmatrix} = 0$$

Wir berechnen die Determinante und erhalten:

$$(2{,}75 - \lambda) \cdot (2{,}25 - \lambda) + 0{,}25 \cdot 0{,}75 = 0$$

Dies ist eine quadratische Gleichung für die Eigenwerte λ. Mit einem Computer erhalten wir $\lambda = 3$ und $\lambda = 2$.

Man definiert:

Definition 7.3 Eine quadratische $n \times n$-Matrix A heißt *diagonalisierbar* (engl. *diagonalizable*), wenn sie (1) Eigenwerte $\lambda_1, \lambda_2, \ldots, \lambda_n$ hat und (2) die zugehörigen Eigenvektoren $s_1, s_1, \ldots, s_n$ ein Volumen aufspannen, das nicht null ist.

Hat die Matrix A den Eigenwert λ mit dem Eigenvektor s, so ist $A \cdot s = \lambda \cdot s$. Multipliziert man diese Gleichung mit der Zahl t, wird $(A \cdot t) \cdot s = (\lambda \cdot t) \cdot s$. Dies bedeutet, dass die Matrix $A \cdot t$ den Eigenwert $\lambda \cdot t$ und den gleichen Eigenvektor s hat. Mit dieser Bemerkung und der obigen Rechnung zum Beispiel für eine diagonalisierbare Matrix folgt

Theorem 7.2 (Spektralzerlegung einer Matrix) *Ist A eine diagonalisierbare $n \times n$-Matrix, so ist*

$$A = S \cdot D \cdot S^{-1} = S \cdot \mathbf{diag}(\lambda_1, \lambda_2, \ldots, \lambda_n) \cdot S^{-1}$$

Dabei sind $\lambda_1, \lambda_2, \ldots, \lambda_n$ die Eigenwerte von A. Die Spalten von S bestehen aus zugehörigen Eigenvektoren $s_1, s_1, \ldots, s_n$. Ist t eine Zahl, so gilt zudem

$$A \cdot t = S \cdot (D \cdot t) \cdot S^{-1} = S \cdot \mathbf{diag}(\lambda_1 \cdot t, \lambda_2 \cdot t, \ldots, \lambda_n \cdot t) \cdot S^{-1}$$

Man kann zeigen, dass eine $n \times n$-Matrix diagonalisierbar ist, wenn sie n verschiedene Eigenwerte hat. Eine symmetrische Matrix mit reellen Elementen ist immer diagonalisierbar. Man nennt dies auch den Spektralsatz für symmetrische Matrizen. Einen Beweis dazu findet man in [2]. Programme wie MATLAB oder Julia können Spektralzerlegungen berechnen. Wie dies gemacht wird, wird im Abschn. 7.5 gezeigt.

Wir definieren nun die Exponential-Matrixfunktion für eine diagonalisierbare Matrix A. Eine Spektralzerlegung sei $A = S \cdot D \cdot S^{-1}$. Dabei ist die Matrix D diagonal. Wir können daher $\exp(D)$ berechnen. Man definiert:

$$\exp(A) = \exp(S \cdot D \cdot S^{-1}) = S \cdot \exp(D) \cdot S^{-1} \tag{7.4}$$

Man kann zeigen, dass die Definition nicht von der gewählten Spektralzerlegung der Matrix A abhängt. Bei der obigen Matrix A ist

$$\exp \begin{pmatrix} 2{,}75 & -0{,}25 \\ -0{,}75 & 2{,}25 \end{pmatrix} = \begin{pmatrix} 1 & -1 \\ 3 & 1 \end{pmatrix} \cdot \mathbf{diag}(e^2, e^3) \cdot \begin{pmatrix} 1 & -1 \\ 3 & 1 \end{pmatrix}^{-1}$$

Die komplexe Formel zeigt, dass eine Matrix-Exponentialfunktion vorzugsweise mit dem Computer berechnet werden sollte. Mit MATLAB können Sie den Befehl expm() benutzen. Dabei steht das m für Matrix:

```
matlab> A = [2.75 -0.25; -0.75 2.25]; expm(A)
   ans =
      16.9114    -3.1741
      -9.5224    10.5632
```

Mit Julia können Sie den mathematischen Ausdruck verwenden:

```
julia> A = [2.75 -0.25; -0.75 2.25]; exp(A)
   2x2 Array{Float64,2}:
      16.9114    -3.17412
      -9.52236   10.5632
```

Die Definition der Matrix-Exponentialfunktion mit der Gl. (7.4) ist so gewählt, dass die Ableitungsregel $d\exp(a \cdot t)/dt = a \cdot \exp(a \cdot t)$ für die Exponentialfunktion auch für die Matrix-Exponentialfunktion gilt: Es ist $A \cdot t = S \cdot (D \cdot t) \cdot S^{-1}$ und damit $\exp(A \cdot t) = S \cdot \exp(D \cdot t) \cdot S^{-1}$. Dabei hängen S und D nicht von der Variablen t ab. Daher ist

$$\frac{d}{dt} \exp(A \cdot t) = \frac{d}{dt} S \cdot \exp(D \cdot t) \cdot S^{-1} = S \cdot (\frac{d}{dt} \exp(D \cdot t)) \cdot S^{-1} = S \cdot D \cdot \exp(D \cdot t) \cdot S^{-1}$$

Zwischen dem zweiten und dritten Faktor setzen wir die Einheitsmatrix $E_n = S^{-1} \cdot S$ ein und fügen die ersten drei Faktoren mittels Klammern zusammen:

$$\frac{d}{dt} \exp(A \cdot t) = (S \cdot D \cdot S^{-1}) \cdot S \cdot \exp(D \cdot t) \cdot S^{-1} = A \cdot \exp(A \cdot t)$$

Diese wichtige Regel führt zum Beweis der Gl. (7.2) für die Lösung eines Systems von linearen Differenzialgleichungen. Zu zeigen ist, dass die mit dieser Gleichung definierte Funktion $\mathbf{y} = \mathbf{y}(t)$ die Differenzialgleichung $\mathbf{y}'(t) = A \cdot \mathbf{y}(t) + \mathbf{f}$ erfüllt. Wir leiten dazu die Gl. (7.2) nach t ab. Beim zweiten Summanden benutzen wir zudem die Produktregel:

$$\mathbf{y}'(t) = A \cdot e^{A \cdot t} \cdot \mathbf{y}(0) + A \cdot e^{A \cdot t} \cdot \int_0^t e^{-A \cdot \tau} \cdot \mathbf{f}(\tau) \, d\tau + e^{A \cdot t} \cdot e^{-A \cdot t} \cdot \mathbf{f}(t)$$

$$= A \cdot \left[e^{A \cdot t} \cdot \mathbf{y}(0) + e^{A \cdot t} \cdot \int_0^t e^{-A \cdot \tau} \cdot \mathbf{f}(\tau) \, d\tau \right] + e^0 \cdot \mathbf{f}(t) = A \cdot \mathbf{y}(t) + \mathbf{f}$$

Der Vektor $\mathbf{y} = \mathbf{y}(t)$, gegeben durch die Gl. (7.2), erfüllt also das System der Differenzialgleichungen. Zudem ist die Anfangsbedingung korrekt: $\mathbf{y}(0) = \exp(A \cdot 0) \cdot \mathbf{y}(0) + \mathbf{0} = E_n \cdot \mathbf{y}(0) = \mathbf{y}(0)$. Damit ist das Theorem 7.1 bewiesen.

Rechnet man wie bei der vorgestellten Rechnung mit der Matrix-Exponentialfunktion, so sind die folgenden Regeln zu beachten:

Theorem 7.3 (Rechenregeln für die Matrix-Exponentialfunktion) *Für die Matrix-Exponentialfunktion gelten die folgenden Regeln:*

1. *Sind D_1 und D_2 Diagnalmatrizes, so ist $\exp(D_1 + D_2) = \exp(D_1) \cdot \exp(D_2)$.*
2. *In der Regel ist $\exp(A + B) \neq \exp(A) \cdot \exp(B)$.*
3. *Sind A und B zwei Matrizes mit $A \cdot B = B \cdot A$, so ist $\exp(A + B) = \exp(A) \cdot \exp(B)$.*
4. *Ist A eine Matrix, die nicht von t abhängt, so ist $d \exp(A \cdot t)/dt = A \cdot \exp(A \cdot t)$.*

Zuletzt noch folgender Hinweis: Die Matrix-Exponentialfunktion kann man auch für nicht diagonalisierbare Matrizes definieren. Meist benutzt man dazu eine Taylorreihe. Wie dies gemacht wird und wie man Matrix-Exponentialfunktionen mit dem Computer effizient berechnen kann, findet man in [4].

7.5   Resultate mit der Exponentialfunktion und mit dem Euler-Vorwärtsverfahren

In diesem Abschnitt lösen wir in den Abschn. 7.1 und 7.2 vorgestellte Beispiele, die Systeme von linearen Differenzialgleichungen mit konstanter Systemmatrix sind. Wir wenden dabei das Theorem 7.1 an, um zu ermitteln, ob die Zustände der Antworten stabil, instabil oder asymptotisch stabil sind. Die Antworten der Systeme berechnet man in der Regel nicht mit Theorem 7.1, weil die Matrix-Exponentialfunktionen und die bestimmten Integrale zu komplexen Formeln führen. Wir benutzen daher das Euler-Vorwärtsverfahren, um approximative, numerische Lösungen zu erhalten.

Zuerst betrachten wir ein Beispiel, das illustriert, wie Theorem 7.1 angewendet wird.

Beispiel 7.10 (Instabiles System) Gegeben sei das AWP für $\mathbf{y} = \mathbf{y}(t)$ durch das lineare Differenzialgleichungssystem aus Beispiel 7.8:

$$\frac{d\mathbf{y}}{dt} = A \cdot \mathbf{y}(t) = \begin{pmatrix} 2{,}75 & -0{,}25 \\ -0{,}75 & 2{,}25 \end{pmatrix} \cdot \mathbf{y}(t) \quad \text{mit } \mathbf{y}(0) = \mathbf{y}_0$$

Die Lösung ist $\mathbf{y} = \exp(A \cdot t) \cdot \mathbf{y}(0)$. Im Beispiel 7.8 ist gezeigt, dass A diagonaliserbar ist. Die Spektralzerlegung von A ist

$$A = \begin{pmatrix} 1 & -1 \\ 3 & 1 \end{pmatrix} \cdot \mathbf{diag}(2, 3) \cdot \begin{pmatrix} 1 & -1 \\ 3 & 1 \end{pmatrix}^{-1}$$

Die Eigenwerte von A sind $\lambda_1 = 3$ und $\lambda_2 = 2$. Es ist damit nach Theorem 7.2

$$A \cdot t = \begin{pmatrix} 1 & -1 \\ 3 & 1 \end{pmatrix} \cdot \mathbf{diag}(2 \cdot t, 3 \cdot t) \cdot \begin{pmatrix} 1 & -1 \\ 3 & 1 \end{pmatrix}^{-1}$$

Somit ist $\mathbf{y} = \exp(A \cdot t) \cdot \mathbf{y}(0)$:

$$\mathbf{y}(t) = \begin{pmatrix} 1 & -1 \\ 3 & 1 \end{pmatrix} \cdot \begin{pmatrix} e^{3 \cdot t} & 0 \\ 0 & e^{2 \cdot t} \end{pmatrix} \cdot \begin{pmatrix} 1 & -1 \\ 3 & 1 \end{pmatrix}^{-1} \cdot \mathbf{y}(0)$$

Weil die beiden Eigenwerte der Systemmatrix größer als null sind, wächst die Diagonalmatrix für große t ohne Grenzen an. Damit ist $\mathbf{y}(t) \approx \pm\infty$. Man sagt, dass das System *instabil* ist (siehe Abschn. 5.2).

Das Beispiel zeigt, dass die Eigenwerte der Systemmatrix A bestimmen, ob ein System stabil oder instabil ist. Haben alle Eigenwerte der Systemmatrix einen Realteil kleiner als null, so ist das System stabil. Hat zumindest ein Eigenwert einen Realteil größer als null, so ist das System instabil.

Beispiel 7.11 (Mischproblem in zwei Tanks) Beim Beispiel 7.2 sind die beiden Salzmengen $S_1 = S_1(t)$ und $S_2 = S_2(t)$ in den beiden Tanks gesucht. Das Cauchyproblem für den Vektor $\mathbf{S} = \mathbf{S}(t)$ mit den Komponenten S_1 und S_2 lautet:

$$\frac{d\mathbf{S}}{dt} = A \cdot \mathbf{S}(t) + \mathbf{f}(t) \quad \text{mit} \quad \mathbf{S}(0\,\mathrm{s}) = \begin{pmatrix} 4\,\mathrm{kg} \\ 1\,\mathrm{kg} \end{pmatrix}$$

Die konstante Systemmatrix A und der Störvektor $\mathbf{f}$ sind:

$$A = \begin{pmatrix} -0{,}012 & 0{,}01 \\ 0{,}012 & -0{,}015 \end{pmatrix} \mathrm{s}^{-1}, \quad \mathbf{f} = c(t) \cdot \begin{pmatrix} 1 \\ 0 \end{pmatrix} \mathrm{L/s}$$

Dabei ist $c = c(t)$ die einfließende Konzentration in das Tanksystem. Es sei $c = c(t) = 3\,\mathrm{kg/L}$. Um $\mathbf{S} = \mathbf{S}(t)$ mit der Gl. (7.2) zu berechnen, müssen wir $\exp(A \cdot t)$ bestimmen. Dazu benötigen wir die Spektralzerlegung $S \cdot D \cdot S^{-1}$ der Matrix A. Mit MATLAB rechnet man wie folgt:

```
matlab> A = [-0.012 0.01; 0.012 -0.015];
matlab> [S, D] = eig(A)
   S =
```

```
          0.7230    -0.6230
          0.6909     0.7822
  D =
         -0.0024          0
               0    -0.0246
```

Die Matrix hat die Eigenwerte $-0,0024$ und $-0,0246$. Zugehörige Eigenvektoren sind die Spalten von S. Deshalb ist

$$\exp(A \cdot t) = \begin{pmatrix} 0,7230 & -0,6230 \\ 0,6909 & 0,7822 \end{pmatrix} \cdot \begin{pmatrix} e^{-0.0024 \cdot t} & 0 \\ 0 & e^{-0.0246 \cdot t} \end{pmatrix} \cdot \begin{pmatrix} 0,7230 & -0,6230 \\ 0,6909 & 0,7822 \end{pmatrix}^{-1}$$

Mit Julia können Sie wie folgt rechnen:

```
julia> using LinearAlgebra
julia> A = [-0.012 0.01; 0.012 -0.015]
julia> Spektrum = eigen(A);
julia> S = Spektrum.vectors
    2x2 Array{Float64,2}:
     -0.622971   0.72295
      0.782245   0.6909
julia> D = Diagonal(Spektrum.values)
    2x2 Diagonal{Float64,Array{Float64,1}}:
     -0.0245567      .
           .      -0.00244333
```

Julia listet die Eigenwerte in umgekehrter Reihenfolge als MATLAB. Daher sind auch die Spalten der Matrix S vertauscht.

Weil die beiden Eigenwerte kleiner als null sind, strebt die Diagonalmatrix in der Formel für $\exp(A \cdot t)$ für große t gegen die Nullmatrix. Damit ist $\exp(A \cdot t) \approx 0$. Die Antwort $S = S(t)$ hängt damit im wesentlichen nur vom zweiten Summanden in der Gl. (7.2) und nicht von der Anfangsbedingung $S(0\,s)$ der Salzmengen ab. Das System ist *stabil* (siehe Abschn. 5.2).

Wir berechnen die Antwort $S = S(t)$ für Zeitpunkte t zwischen $0\,s$ und $2\,000\,s$ approximativ mit dem Euler-Vorwärtsverfahren, da das System stabil ist. Mit MATLAB können wir, wie schon im Beispiel 6.15 gezeigt, wie folgt vorgehen: Wir speichern das System $dS/dt = A \cdot S + f(t)$ in einem Funktions-File. Die Inputs der Funktion sind t und S. Der Output ist der Ableitungsvektor dS/dt:

```
function dSdt = zweiTank(t,S)
    A = [-0.012 0.01; 0.012 -0.015];
    f = [3; 0];
    dSdt = A*S + f;
end
```

Die Anfangsbedingungen sind $S_1(0\,\text{s}) = 4\,\text{kg}$ und $S_2(0\,\text{s}) = 1\,\text{kg}$. Ein Euler-Vorwärtsverfahren der Ordnung vier ist:

```
matlab> [t,Sapprox] = ode45(@zweiTank, [0,2000], [4;1]);
```

Die Variable `Sapprox` ist eine Matrix. In der ersten Spalte sind die Werte von $S_1 = S_1(t)$. In der zweiten Spalte befinden sich die Werte von $S_2 = S_2(t)$. Den Graph der beiden Salzmengen können Sie wie folgt darstellen:

```
matlab> plot(t,Sapprox)
matlab> grid()
matlab> legend('S1(t)','S2(t)')
```

Mit Julia können Sie wie folgt vorgehen:

```
julia> using DifferentialEquations, Plots
julia> A = [-0.012 0.01; 0.012 -0.015]
julia> f = [3; 0]
julia> dSdt(S,p,t) = A*S+f
julia> system = ODEProblem(dSdt,[4.0;1.0],(0.0,2000.0))
julia> Sapprox = solve(system,Tsit5())
julia> plot(Sapprox,label=["S1(t)" "S2(t)"], w=3)
```

Abb. 7.6 zeigt das Resultat. Die Salzmenge im ersten Tank nähert sich dem Wert $750\,\text{kg} = 250\,\text{L} \cdot c = 250\,\text{L} \cdot 3\,\text{Kg/L}$. Im zweiten Tank ist die Salzmenge bei $600\,\text{kg}$. Die beiden Antworten sind in stabilem Zustand, unabhängig von den Salzmengen zum Zeitpunkt $t = 0\,\text{s}$.

Beispiel 7.12 (Fahrzeugchassis) Beim Beispiel 7.3 gilt für die Auslenkung $y = y(t)$ eines Fahrzeugchassis

$$\frac{\mathrm{d}\mathbf{y}}{\mathrm{d}t} = \begin{pmatrix} 0 & 1 \\ -D/m & -R/m \end{pmatrix} \cdot \mathbf{y}(t) + \begin{pmatrix} 0 \\ x(t)/m \end{pmatrix}$$

Abb. 7.6 Antwort der Salzmenge $S_1 = S_1(t)$ (schwarz) und $S_2 = S_2(t)$ (grau) in den beiden Tanks

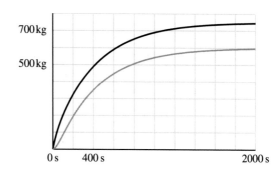

Dabei hat der Vektor $\mathbf{y} = \mathbf{y}(t)$ die Komponenten $s = s(t)$ – die Auslenkung des Chassis –
und $v(t) = y'(t)$ – die Geschwindigkeit des Chassis –. Die Masse m des Chassis sei $1\,000$ kg.
Die Radaufhängung habe eine Reibungskonstante R von 400 kg/s und eine Federkonstante
D von $1\,000$ N/m. Auf die Radaufhängung wirke eine Kraft, die Eingangsgröße $x = x(t) =$
100 N $\cdot \sin(\omega \cdot t)$ mit $\omega = 0{,}8\,\mathrm{s}^{-1}$. Wir berechnen zuerst die Eigenwerte und Eigenvektoren
der Systemmatrix:

```
matlab> A = [0 1; -1000/1000 -400/1000];
matlab> [S, D] = eig(A)
    S =
       0.7071 + 0.0000i     0.7071 + 0.0000i
      -0.1414 + 0.6928i    -0.1414 - 0.6928i
    D =
      -0.2000 + 0.9798i     0.0000 + 0.0000i
       0.0000 + 0.0000i    -0.2000 - 0.9798i
```

Die Eigenwerte sind $-0{,}2 + 0{,}9798 \cdot \mathrm{i}$ und $-0{,}2 - 0{,}9798 \cdot \mathrm{i}$. Die Realteile sind kleiner als
null. Damit ist das System stabil.

Weil das System stabil ist, berechnen wir die Antwort $y = y(t)$ des Chassis numerisch.
Die Anfangsbedingungen seien $y(0\,\mathrm{s}) = 0\,\mathrm{m}$ und $v(0\,\mathrm{s}) = 0\,\mathrm{m/s}$. Mit MATLAB programmiert man zuerst ein Funktions-File für das System:

```
function dyVektordt = chassis(t,yVektor)
    A = [0 1; -1000/1000 -400/1000];
    f = 10*sin(0.8*t)*[0; 1/1000];
    dyVektordt = A*yVektor + f;
end
```

Ein Euler-Vorwärtsverfahren der Ordnung vier für t zwischen 0 s und 100 s ist:

```
matlab> [t,yVektorAppr] = ode45(@chassis,[0,100],[0;0]);
```

Den Graph der Auslenkung $y = y(t)$ können Sie wie folgt plotten:

```
matlab> plot(t,yVektorAppr(:,1))
matlab> grid()
```

Die Auslenkung $y = y(t)$ ist in der ersten Spalte der Matrix yVektorAppr. Daher wird im
plot()-Befehl der Vektor yVektorAppr(:,1) aufgerufen. Abb. 7.7 zeigt das Resultat.
Die Antwort ist eine harmonische Schwingung mit einer Amplitude von etwa $0{,}2$ m. Die
Antwort ist in stabilem Zustand. Im Beispiel 1.7 ist gezeigt, wie man die Amplitude und
die Phase der Antwort analytisch mit komplexen Zeigern berechnet. Die Abbildung zeigt
zudem, wie sich das System während der ersten zehn Sekunden einschwingt.

Abb. 7.7 Auslenkung
$y = y(t)$ des Chassis

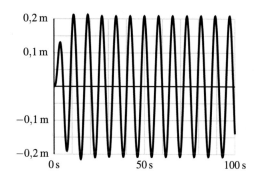

Beispiel 7.13 (Elektrischer Schwingkreis) Beim Beispiel 7.4 des RLC-Schwingkreises ist das Differenzialgleichungssystem

$$\frac{d\mathbf{y}}{dt} = \begin{pmatrix} di/dt \\ du_L/dt \end{pmatrix} = \begin{pmatrix} 0 & 1/L \\ -1/C & -R/L \end{pmatrix} \cdot \mathbf{y}(t) + \begin{pmatrix} 0 \\ x'(t) \end{pmatrix} = A \cdot \mathbf{y}(t) + \mathbf{f}(t)$$

Die gesuchte Antwort ist der Strom $i = i(t)$ des Schwingkreises. Dies ist die erste Komponente von $\mathbf{y} = \mathbf{y}(t)$. Die Eingangsgröße $x = x(t)$ ist die angelegte Spannung $U = U(t)$. Um zu analysieren, ob das System stabil ist, bestimmen wir die Eigenwerte der Systemmatrix A mit der charakteristischen Gleichung:

$$\det(A - \lambda \cdot E_2) = \det \begin{pmatrix} -\lambda & 1/L \\ -1/C & -R/L - \lambda \end{pmatrix} = \lambda \cdot (\lambda + R/L) + 1/(L \cdot C) = 0$$

Die Lösungen λ der Gleichung sind:

$$\lambda_{1,2} = \frac{-R/L \pm \sqrt{(R/L)^2 - 4/(L \cdot C)}}{2} = \frac{-R \pm \sqrt{R^2 - 4L/C}}{2 \cdot L}$$

Ist $R^2 - 4L/C > 0$, so ist die Wurzel eine positive reelle Zahl, die kleiner als R ist. In diesem Fall sind die beiden Eigenwerte λ_1 und λ_2 reell und negativ. Daher ist das System stabil. Ist andererseits $R^2 - 4L/C < 0$, so ist die Wurzel eine rein imaginäre Zahl. Die beiden Eigenwerte haben dann einen Realteil von $-R/(2 \cdot L)$. Da dieser negativ ist, ist das System auch in diesem Fall stabil.

Wir berechnen nun den Strom $i = i(t)$, wenn $R = 10,1\,\Omega$, $L = 110\,\text{mH}$ und $C = 100\,\mu\text{F}$ sind. Die angelegte Spannung sei $U = U(t) = 0\,\text{V}$. Als Zeiteinheit wählen wir Millisekunden. Damit hat die Systemmatrix A keine sehr großen Zahlenwerte. Die Anfangsbedingungen für die zwei Komponenten des Vektors $\mathbf{y} = \mathbf{y}(t)$ seien: $i(0\,\text{ms}) = 1\,\text{A}$ und $u_L(0\,\text{ms}) = 0\,\text{V}$. Mit Julia berechnen wir den Strom $i = i(t)$ während 100 ms.

```julia
julia> using DifferentialEquations, ForwardDiff, Plots
julia> R = 10.1; L = 110; C = 100e-3
julia> U(t) = 0.0
```

```
julia> A = [0 1/L; -1/C -R/L]
julia> f = [0.0; 1.0]
julia> dydt(y,p,t) = A*y + ForwardDiff.derivative(U,t)*f
julia> system = ODEProblem(dydt,[1.0; 0.0], (0.0, 100.0))
julia> yApprox = solve(system, Tsit5(), saveat = 0.5)
julia> plot(yApprox.t, yApprox[1,:], label="i(t)", w = 3)
```

Das optionale Attribut `saveat` bezeichnet die Schrittweite des Euler-Vorwärtsverfahrens. Diese ist hier mit 0,5ms festgelegt, um eine glatte Kurve zu erhalten. Bei Julia ist `yApprox` ein Vektor. Die Komponenten des Vektors sind die Vektoren mit Komponenten $i = i(t)$ und $u_L = u_L(t)$. Daher findet sich im `plot()`-Befehl der Vektor `yApprox[1,:]` für die Werte von $i = i(t)$. Abb. 7.8 zeigt die Antwort $i = i(t)$. Die Antwort ist in asymptotisch stabilem Zustand.

Beispiel 7.14 (Fahrzeugchassis ohne Reibung) Beim Beispiel 7.3 gilt für die Auslenkung $s = s(t)$ eines Fahrzeugchassis, wenn die Reibungskonstante $R = 0$ kg/s und die Eingangsgröße null sind:

$$\frac{d\mathbf{y}}{dt} = \begin{pmatrix} 0 & 1 \\ -D/m & 0 \end{pmatrix} \cdot \mathbf{y}(t)$$

Dabei hat der Vektor $\mathbf{y} = \mathbf{y}(t)$ die erste Komponente $s = s(t)$, die Auslenkung des Chassis. Mit Gl. (7.2) ist $\mathbf{y}(t) = \exp(A \cdot t) \cdot \mathbf{y}(0\,s)$. Um die Matrix-Exponentialfunktion zu berechnen, benötigen wir die Spektralzerlegung der Matrix A. Die Eigenwerte von A können wir ohne Computer berechnen:

$$\det\left(\begin{pmatrix} 0 & 1 \\ -D/m & 0 \end{pmatrix} - \lambda \cdot \begin{pmatrix} 1 & 0 \\ 0 & 1 \end{pmatrix}\right) = \det\begin{pmatrix} -\lambda & 1 \\ -D/m & -\lambda \end{pmatrix} = \lambda^2 + D/m = 0$$

Die zwei verschiedenen Eigenwerte von A sind die beiden komplexen Zahlen $\lambda_1 = i \cdot \sqrt{D/m}$ und $\lambda_2 = -i \cdot \sqrt{D/m}$. Daher ist A diagonalisierbar und man hat:

Abb. 7.8 Der Strom $i = i(t)$
im RLC-Schwingkreis. Er ist in
asymptotisch stabilem Zustand

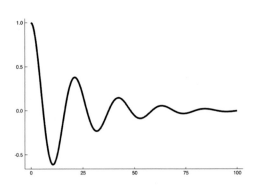

$$\exp(A \cdot t) = S \cdot \begin{pmatrix} e^{i \cdot \sqrt{D/m} \cdot t} & 0 \\ 0 & e^{-i \cdot \sqrt{D/m} \cdot t} \end{pmatrix} \cdot S^{-1}$$

In der Diagonalmatrix sind komplexe Zahlen in Zeigerform dargestellt. Dies sind harmonische Schwingungen mit der Kreisfrequenz $\omega = \sqrt{D/m}$. Wir erhalten daher ein neutral stabiles System (siehe [5]). Die Auslenkung des Fahrzeugchassis $y = y(t)$ ist eine harmonische Schwingung:

$$s(t) = y_1(t) = A_0 \cdot e^{i \cdot (\omega \cdot t + \varphi_0)}$$

Die Auslenkung $s = s(t)$ ist in stabilem Zustand. Beachten Sie, dass die Kreisfrequenz nicht von der Anfangsbedingung abhängt. Sie beträgt $\omega = \sqrt{D/m}$. Die Amplitude A_0 und die Phase φ_0 der Schwingung hängen vom Anfangsvektor $\mathbf{y}(0\,\mathrm{s})$ ab.

Aufgaben

7.1 Gegeben sind zwei Tanks mit Volumen von je 100 L (siehe Abb. 7.9) Der erste Tank ist mit einer Salzlösung mit einer Konzentration von 0,1 kg/L gefüllt. In diesen Tank fließt Wasser mit einer Rate von 2 L/min ein. Die entstehende fließt anschließend mit einer Rate von 2 L/min in den zweiten Tank, der mit 100 L Wasser gefüllt ist. Die Mischung im zweiten Tank wird verrührt und fließt über ein Rohr mit einer Rate von 2 L/min ab.

(a) Wie lautet das Cauchyproblem für die beiden Salzmengen $S_1 = S_1(t)$ und $S_2 = S_2(t)$ in den beiden Tanks? Sie erhalten ein gekoppeltes System 1. Ordnung. Überprüfen Sie die physikalischen Einheiten in den beiden Gleichungen.

(b) Sind die Gleichungen aus (a) linear? Wenn ja, wie lautet die Systemmatrix?

(c) Wie lautet das AWP für die Salzmengen $S_1 = S_1(t)$, $S_2 = S_2(t)$ und $S_3 = S_3(t)$, wenn Sie noch einen dritten Tank mit 200 L Wasser in Serie schalten? Bestimmen Sie die Systemmatrix.

Abb. 7.9 Ausspülen eines ersten Tanks über einen zweiten Tank

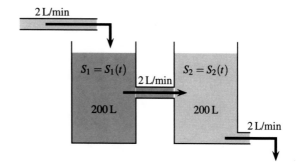

7.2 Die Abb. 7.10 zeigt ein System von drei Behältern, die mit Salzlösungen gefüllt sind. Dargestellt sind die Ein- und Ausflussraten. Die in die Behälter A und B einfließenden Salzkonzentrationen sind die Eingangsgrößen $x_1 = c_A(t)$ und $x_2 = c_B(t)$. Zum Zeitpunkt $t = 0$ s befinden sich in den drei Tanks 1000 L Flüssigkeit. Der Behälter A hat zum Zeitpunkt $t = 0$ s eine Salzmenge von 500 kg. Die Behälter B und C sind mit salzlosem Wasser gefüllt.

(a) Wie lautet das Cauchyproblem, das die Salzmengen $S_A = S_A(t)$, $S_B = S_B(t)$ und $S_C = S_C(t)$ modelliert? Überprüfen Sie die physikalischen Einheiten beim System.

(b) Das Differenzialgleichungssystem ist linear. Schreiben Sie das System deshalb in Matrixform. Wie lautet die Systemmatrix A? Wie lautet der Störvektor?

7.3 Abb. 7.11 zeigt drei Räume, die aneinander gereiht sind. Im Raum A befindet sich eine Heizung, die die Temperatur des Raumes mit einer Rate von 5 °C/h erhöht. Im Raum C ist eine Heizung, die die Temperatur des Raumes mit einer Rate von 3 °C/h erhöht. Die Außentemperatur beträgt konstant 5 °C. Wegen schwacher Isolation fließen Wärmemengen vom Raum A zu Raum B, vom Raum B zu Raum C und von den Räumen zur Außenumgebung. In der Skizze sind jeweils die Isolationskonstanten angegeben. Die Antwort des Systems auf die beiden Heizungen und die Außentemperatur sind die Temperaturen $T_A = T_A(t)$, $T_B = T_B(t)$ und $T_C = T_C(t)$ in den drei Räumen. Die Anfangstemperaturen seien $T_A(0\,\text{h}) = T_C(0\,\text{h}) = 16\,°\text{C}$ und $T_B(0\,\text{h}) = 14\,°\text{C}$.

(a) Wie lautet das Differenzialgleichungssystem für die Temperaturen $T_A = T_A(t)$, $T_B = T_B(t)$ und $T_C = T_C(t)$, wenn Sie das Wärmegesetz von Fourier benutzen?

(b) Schreiben Sie das System in Matrixform. Wie lauten die Systemmatrix und der Störvektor?

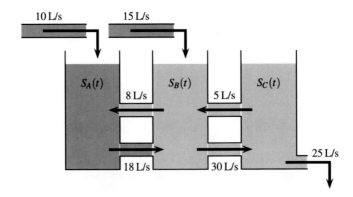

Abb. 7.10 Ein komplexes System von Behältern

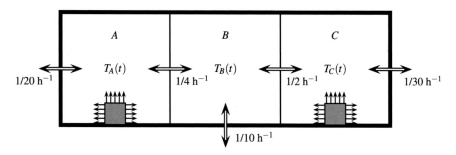

Abb. 7.11 Drei aneinandergereihte Räume mit zwei Heizungen

7.4 Gegeben ist ein dynamisches System 2. Ordnung für eine Antwort $y = y(t)$ mit der Eingangsgröße $x = x(t)$ durch die lineare Differenzialgleichung

$$4 \cdot y''(t) + 2 \cdot y'(t) + 50 \cdot y(t) = 3 \cdot x(t) + 4 \cdot x'(t)$$

(a) Schreiben Sie das System in ein gekoppeltes System 1. Ordnung für den Vektor $\mathbf{y} = \mathbf{y}(t)$ um. Die erste Komponente dieses Vektors soll $y_1(t) = y(t)$ und die zweite Komponente soll $y_2(t) = y'(t)$ lauten.
(b) Notieren Sie das System in Matrixform. Bestimmen Sie die Systemmatrix und den Störvektor.

7.5 Gegeben ist ein dynamisches System 3. Ordnung für eine Antwort $y = y(t)$ mit der Eingangsgröße $x = x(t)$ durch die lineare Differenzialgleichung

$$2 \cdot y'''(t) - 1 \cdot y''(t) + 5 \cdot y'(t) + 8 \cdot y(t) = x'(t) - 6 \cdot x''(t)$$

(a) Schreiben Sie das System in ein gekoppeltes System 1. Ordnung für einen Vektor $\mathbf{y} = \mathbf{y}(t)$ um.
(b) Notieren Sie das System in Matrixform. Bestimmen Sie die Systemmatrix und den Störvektor.

7.6 Könnte man einen Tunnel vom Nordpol quer durch die Erdachse zum Südpol bauen, so könnte man am Nordpol einen Stein in den Tunnel fallen lassen. Mit dem Newton'schen Gesetz kann man zeigen, dass für die Entfernung $x(t)$ des Steins vom Erdmittelpunkt die folgende Bewegungsgleichung gilt:

$$\frac{d^2 x}{dt^2} + \frac{4\pi}{3} \cdot \gamma \cdot \rho \cdot x(t) = 0$$

(siehe [3]). In der Differenzialgleichung sind $\gamma = 6{,}67 \cdot 10^{-11} \, \text{Nm}^2/\text{kg}^2$ die Gravitationskonstante und $\rho = 5517 \, \text{kg/m}^3$ die mittlere Erddichte.

(a) Schreiben Sie das System in ein gekoppeltes System 1. Ordnung für einen Vektor $\mathbf{y} = \mathbf{y}(t)$ um. Wie lautet der Anfangsvektor $\mathbf{y}(0\,\text{s})$? (*Tipp:* Der Erdradius beträgt $6357 \cdot 10^3$ m.)

(b) Notieren Sie das System in Matrixform. Bestimmen Sie die Systemmatrix und den Störvektor.

7.7 Zwei Wagen mit Massen m_1 und m_2 sind mit drei Federn gekoppelt. Die Federkonstanten lauten k_1, k_2 und k_3. Die Abb. 7.12 illustriert die *Ruhe-Situation* und zeigt die Positionen $x_1(t)$ und $x_2(t)$ der beiden Wagen. Es sei keine Reibung vorhanden. Die Auslenkung der Federn erfolge nach dem Gesetz von Hook.

(a) Zeigen Sie mit dem Gesetz von Newton, dass für die Positionen $x_1 = x_1(t)$ und $x_2 = x_2(t)$ der beiden Wagen die folgenden Differenzialgleichungen gelten:

$$m_1 \cdot \frac{d^2 x_1}{dt^2} = -k_1 \cdot x_1(t) + k_2 \cdot (x_2(t) - x_1(t))$$

$$m_2 \cdot \frac{d^2 x_2}{dt^2} = -k_2 \cdot (x_2(t) - x_1(t)) - k_3 \cdot x_2(t)$$

(b) Wandeln Sie das System in ein Differenzialgleichungssystem 1. Ordnung für einen Vektor $\mathbf{y} = \mathbf{y}(t)$ mit vier Komponenten um. Wählen Sie dabei die folgenden Komponenten für $\mathbf{y}(t)$: $y_1(t) = x_1(t)$, $y_2(t) = x_2(t)$, $y_3(t) = x_1'(t)$ und $y_4(t) = x_2'(t)$.

(c) Schreiben Sie das System in Matrixform. Bestimmen Sie die Systemmatrix. Wie lautet der Störvektor?

7.8 Führen Sie die gleichen Aufgaben wie bei der Aufgabe 7.7 aus, verwenden Sie diesmal drei Wagen.

7.9 Gegeben ist das dynamische System aus der Aufgabe 7.1.

(a) Berechnen Sie die Eigenwerte der Systemmatrix. Ist das System stabil, instabil oder neutral stabil?

(b) Berechnen Sie mit MATLAB oder mit Julia numerisch die Salzmengen $S_1 = S_1(t)$ und $S_2 = S_2(t)$. Stellen Sie die Resultate grafisch dar. Wie groß ist die maximale Salzkonzentration im zweiten Tank?

Abb. 7.12 Zwei gekoppelte Wagen

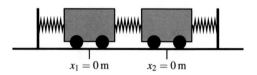

$x_1 = 0\,\text{m}$ $x_2 = 0\,\text{m}$

(c) Berechnen Sie mit MATLAB oder mit Julia numerisch die Salzmengen bei drei Tanks. Visualisieren Sie die Resultate mit einer Grafik. Wie groß ist die maximale Salzkonzentration im dritten Tank?

7.10 Gegeben ist das dynamische System aus der Aufgabe 7.2 mit den Eingangsgrößen $x_1(t) = c_A(t) = 0{,}1\,\text{kg/L}$ und $x_2(t) = c_B(t) = 0{,}2\,\text{kg/L} \cdot \exp(-\alpha \cdot t)$ mit $\alpha = 0{,}01\,\text{s}^{-1}$.

(a) Berechnen Sie die Eigenwerte der Systemmatrix. Ist das System stabil, instabil oder neutral stabil?
(b) Berechnen Sie mit MATLAB oder mit Julia numerisch die Salzmengen $S_A = S_A(t)$ und $S_B = S_B(t)$. Zeichnen Sie die Graphen der Salzmengen.

7.11 Betrachten Sie das dynamische System des Beispiels 7.1 für den Temperaturvektor $\mathbf{T} = \mathbf{T}(t)$.

(a) Schreiben Sie das System in Matrixform. Bestimmen Sie die Systemmatrix und den Störvektor. Berechnen Sie die Eigenwerte der Systemmatrix. Ist das System stabil, instabil oder neutral stabil?
(b) Berechnen Sie mit MATLAB oder mit Julia numerisch die Temperaturen $T_A = T_A(t)$ und $T_B = T_B(t)$. Die Anfangsbedingungen sind $T_A(0\,\text{h}) = 20\,°\text{C}$ und $T_B(0\,\text{h}) = 18\,°\text{C}$. Für die Außentemperatur gelte $T_{\text{außen}}(t) = 5\,°\text{C}$. Sind die Zustände stabil?
(c) Versuchen Sie die Temperaturen in den Zimmern A und B zu variieren, indem Sie mit der Heizleistung „spielen".
(d) Was passiert, wenn die Außentemperatur einer Schwingung mit der Schwingungsdauer 24 h folgt? Als Beispiel sei die Außentemperatur gegeben durch

$$T_{\text{außen}}(t) = 10{,}0\,°\text{C} \cdot \sin(\omega \cdot t) \quad \text{mit } \omega = 2\pi/24\,\text{h}^{-1}$$

Kommentieren Sie das Resultat. Können Sie die Heizleistung so einstellen, dass die Temperatur in den Zimmern immer zwischen $16\,°\text{C}$ und $20\,°\text{C}$ bleibt?

7.12 Betrachten Sie das dynamische System aus der Aufgabe 7.3.

(a) Ist das System stabil, instabil oder neutral stabil?
(b) Berechnen Sie mit MATLAB oder mit Julia numerisch die Temperaturen $T_A = T_A(t)$, $T_B = T_B(t)$ und $T_C = T_C(t)$.
(c) Berechnen Sie mit MATLAB oder mit Julia numerisch, wenn die Außentemperatur der folgenden harmonischen Schwingung mit Schwingungsdauer 24 h folgt:

$$T_{\text{außen}}(t) = 5{,}0\,°\text{C} + 4{,}0\,°\text{C} \cdot \sin(\omega \cdot t) \quad \text{mit } \omega = 2\pi/24\,\text{h}^{-1}$$

7.13 Bei der Aufgabe 7.6 modelliert man die Entfernung $x(t)$ eines Steins, der durch einen Tunnel vom Nordpol zum Südpol fällt. Berechnen Sie die Eigenwerte der Systemmatrix von Hand. Ist das System stabil, instabil oder neutral stabil? Erreicht der Stein den Südpol? Wenn ja, wie lang braucht er dazu?

7.14 Berechnen Sie bei der Aufgabe 7.7 die Eigenwerte der Systemmatrix. Dabei sind die Federkonstanten $k_1 = k_2 = k_3 = 90 \, \text{N/m}$ und die Massen $m_1 = m_2 = 100 \, \text{kg}$. Ist das System stabil, instabil oder neutral stabil? Der rechte Wagen wird zum Zeitpunkt $t = 0 \, \text{s}$ um 2 m nach rechts verschoben. Die Anfangsbedingungen für das System lauten damit

$$x_1(0\,\text{s}) = 0\,\text{m}, \quad x_1'(0\,\text{s}) = 0\,\text{m/s}, \quad x_2(0\,\text{s}) = 2\,\text{m}, \quad x_2'(0\,\text{s}) = 0\,\text{m/s}$$

Bestimmen Sie die Positionen der Wagen numerisch mit MATLAB oder mit Julia. Stellen Sie anschließend die Positionen $x_1 = x_1(t)$ und $x_2 = x_2(t)$ grafisch dar. Dabei befindet sich in der Abb. 7.12 die Position x_2 10 m rechts der Position x_1.

7.15 Führen Sie die gleichen Aufgaben wie bei der Aufgabe 7.14 aus, diesmal mit drei Wagen. Simulieren Sie mit MATLAB oder mit Julia einen Zug mit vier bis fünf durch Federn gekoppelten Wagen. Sie können versuchen, auch Reibungswiderstände einzubauen. Die Anfangsbedingungen könnten sein: (a) Anfangsimpuls für die Lokomotive mit $x_{\text{Loki}}(0\,\text{s}) = 0\,\text{m}$ und $x_{\text{Loki}}'(0\,\text{s}) = 5 \, \text{m/s}$, (b) Wagen in Ruhe, jeweils um 10 m versetzt: $x_{i\text{-ter Wagen}_i}(0\,\text{s}) = 0\,\text{m}$ und $x_{i\text{-ter Wagen}_i}'(0\,\text{s}) = 0 \, \text{m/s}$.

7.16 Beim Beispiel 7.6 interessiert man sich für die Auslenkung $\varphi = \varphi(t)$ eines Stabpendels mit Masse m und Länge L. Gezeigt wurde, dass

$$m \cdot L \cdot \frac{\mathrm{d}^2\varphi}{\mathrm{d}t^2} = -m \cdot g \cdot \sin(\varphi(t))$$

gilt. Dabei ist $g = 9{,}81 \, \text{m/s}^2$ die Erdbeschleunigung. Die Masse der Pendel-Kugel sei $m = 5{,}0 \, \text{kg}$. Die Länge des Stabs sei $L = 1{,}3 \, \text{m}$.

(a) Wandeln Sie die Differenzialgleichung 2. Ordnung für den Auslenkungswinkel $\varphi = \varphi(t)$ in ein System 1. Ordnung für $\varphi = \varphi(t)$ und $\omega = \mathrm{d}\varphi/\mathrm{d}t$ um.

(b) Berechnen Sie numerisch mit MATLAB oder mit Julia den Auslenkungswinkel $\varphi = \varphi(t)$ des Pendels, wenn $\varphi(0\,\text{s}) = \pi/2$ und $\omega(0\,\text{s}) = 0\,\text{s}^{-1}$ sind. Zeichnen Sie den Graph des Auslenkungswinkels. Erhalten Sie eine harmonische Schwingung?

(c) Wenn der Auslenkungswinkel klein ist, so ist $\sin(\varphi) \approx \varphi$. Mit dieser Approximation wird die Differenzialgleichung linear. Wie lautet in diesem Fall die Systemmatrix? Beurteilen Sie mit der Systemmatrix, ob das System stabil, neutral stabil oder instabil ist. Berechnen Sie numerisch mit MATLAB oder mit Julia den Auslenkungswinkel $\varphi = \varphi(t)$ des Pendels, wenn $\varphi(0\,\text{s}) = \pi/8$ und $\omega(0\,\text{s}) = 0\,\text{s}^{-1}$ sind. Tun Sie dies einmal mit dem nichtlinearen und einmal mit dem linearisierten Modell. Vergleichen Sie die beiden Lösungen grafisch.

7.17 Die Abb. 7.13 zeigt den Verlauf eines springenden Balls mit Masse $m = 1\,\text{kg}$, der in einer Höhe von 1 m abgeworfen wird und auf dem Boden ($y = 0\,\text{m}$) aufspringt. Wir modellieren die Bahn $(x(t)\,|\,y(t))$ des Balls mit dem Gesetz von Newton. Die Luftwiderstandskraft soll proportional zur Geschwindigkeit im Quadrat sein (siehe das Beispiel 6.4). Dann gelten die folgenden Differenzialgleichungen:

$$\text{Horizontalbewegung:} \quad m \cdot x''(t) = -c \cdot v(t) \cdot x'(t)$$

$$\text{Vertikalbewegung:} \quad m \cdot y''(t) = -c \cdot v(t) \cdot y'(t) - g \cdot m,$$

Die in den Gleichungen vorkommenden Größen sind die Ballgeschwindigkeit $v = v(t) = \sqrt{(x'(t))^2 + (y'(t))^2}$, die Widerstandskonstante $c = 0{,}01\,\text{m}^{-1}$ und die Erdbeschleunigung $g = 9{,}81\,\text{m/s}^2$. Der Stoßfaktor spielt beim Aufprall des Balls auf den Boden eine Rolle. Ist t^* ein erster Zeitpunkt mit $y(t^*) = 0\,\text{m}$, so findet ein erster Aufprall des Balls statt. Das Vorzeichen der Vertikalgeschwindigkeit wird geändert. Das System wird ab diesem Zeitpunkt „neu"gestartet und zwar mit der Anfangsbedingung

$$y'(t^*)_{\text{neu}} = -\epsilon_S \cdot y'(t^*)_{\text{alt}}$$

Der hier auftretende Stoßfaktor des Bodens sei $\epsilon_S = 0{,}9$.

Abb. 7.13 Bahn eines springenden Balls, mit Luftwiderstand

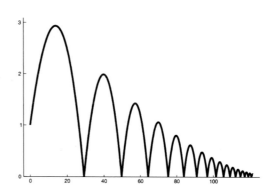

(a) Handelt es sich um lineare Differenzialgleichungen? Wandeln Sie das System in ein System 1. Ordnung für einen Vektor $\mathbf{y} = \mathbf{y}(t)$ um, der vier Komponenten hat.

(b) Berechnen Sie numerisch mit MATLAB oder mit Julia die Position $(x(t) \mid y(t))$ des Balls. Die Anfangsbedingungen seien: Abwurfhöhe 1 m, Abwurfwinkel $\alpha = 15°$ und Abwurfgeschwindigkeit $v_0 = 25$ m/s.

(c) Visualisieren Sie den Sprungverlauf des Balls dynamisch mit einem MATLAB- oder einem Julia-Film (siehe dazu die Homepage www.baettig.one).

Literatur

1. Bättig, D.: Angewandte Mathematik 1 mit MATLAB und Julia. Springer Vieweg, Heidelberg (2020)
2. Eriksson, K., Estep, D., Johnson, C.: Angewandte Mathematik: Body and Soul, Band 2: Integrale und Geometrie in $\mathbb{R}^n$. Springer, Berlin (2004)
3. Kittel, C., Knight, W.D., Ruderman, M.A.: Mechanik, Berkeley Physik Kurs, Band 1, Friedr. Vieweg + Sohn, Braunschweig (1975)
4. Moler, C., Van Loan, C.: Nineteen dubious ways to compute the exponential of a matrix, twenty-five years later. SIAM Rev. **45**(1), 1–46 (2003)
5. Strang, G.: Introduction to Applied Mathematics. Wellesley-Cambridge Press, Wellesley MA USA (1986)
6. Tröster, F.: Regelungs- und Steuerungstechnik für Ingenieure. De Gruyter, 4. Aufl., Berlin (2015)

Stichwortverzeichnis

© Springer-Verlag GmbH Deutschland, ein Teil von Springer Nature 2021
D. Bättig, *Angewandte Mathematik 2 mit MATLAB und Julia*,
https://doi.org/10.1007/978-3-662-62207-0

 **Springer**

springer.com

Willkommen zu den Springer Alerts

Unser Neuerscheinungs-Service für Sie:
aktuell | kostenlos | passgenau | flexibel

Mit dem Springer Alert-Service informieren wir Sie individuell und kostenlos über aktuelle Entwicklungen in Ihren Fachgebieten.

Jetzt anmelden!

Abonnieren Sie unseren Service und erhalten Sie per E-Mail frühzeitig Meldungen zu neuen Zeitschrifteninhalten, bevorstehenden Buchveröffentlichungen und speziellen Angeboten.

Sie können Ihr Springer Alerts-Profil individuell an Ihre Bedürfnisse anpassen. Wählen Sie aus über 500 Fachgebieten Ihre Interessensgebiete aus.

Bleiben Sie informiert mit den Springer Alerts.

Mehr Infos unter: springer.com/alert

Part of **SPRINGER NATURE**

Printed in the United States
By Bookmasters